앤틱 가구 이야기
ANTIQUE FURNITURE

앤틱 가구 이야기

처음 펴낸 날 | 2005년 10월 25일
네번째 펴낸 날 | 2018년 12월 5일

지은이 | 최지혜

편집 | 홍현숙, 조인숙
펴낸이 | 홍현숙
펴낸곳 | 도서출판 호미

등록 | 1997년 6월 13일(제1-1454호)

주소 | 서울시 서대문구 성산로 312 1층(연희동 220-55 북산빌딩1층)
편집 | 02-332-5084
영업 | 02-322-1845
팩스 | 02-322-1846
전자 우편 | homipub@hanmail.net

디자인 | (주)끄레 어소시에이츠
인쇄 제작 | 수이북스

ISBN 89-88526-49-X 03630
값 | 25,000원

ⓒ최지혜, 2005

(호미) 생명을 섬깁니다. 마음밭을 일굽니다.

앤틱 가구 이야기
ANTIQUE FURNITURE

최지혜

앤틱은 역사와의 만남이다

노성두 | 서양미술사학자

앤틱은 역사와의 대화이다. 앤틱 가구와 만나기 위해서 우리는 바람의 신에게 삶을 헌정한 크눌프처럼 신발끈을 단단히 동여매지 않으면 안 된다. 앤틱 가구는 또 최상의 열정으로 연주하는 첼로 연주와 같다. 얄미울 만큼 현란하고 젊은 패기에 넘치는 전자악기들과는 달리 무르익은 시간의 빛깔을 감상할 수 있기 때문이다.

이 책은 앤틱 가구의 모든 것을 이야기한다. 앤틱은 시간의 세례를 통하여 비로소 빛나는 진정한 명예와 같다. 글쓴이는 시간의 두터운 흐름을 거슬러 앤틱 가구의 탄생과 계보를 밝히고, 빛깔과 색의 울림 그리고 선과 형태의 흐름을 비교한다. 글쓴이의 조심스러운 손길은 질투 많은 시간의 발톱에 할퀴어서 낡아 버린 옛 가구를 사랑스러운 눈으로 들여다보고, 아귀를 맞추고, 닦고, 문지르고, 쓰다듬으면서 천천히 대화를 나누는 장인의 든든한 손놀림을 닮았다.

앤틱 가구의 역사는 고대 이집트까지 거슬러 올라간다. 고대 그리스의 철학자들도 식탁을 가운데 놓고 침상에 둘러앉아 심포지온을 즐겼다고 한다. 이처럼 수천 년이 지난 가구들은 순수한 역사의 한 부분이 되었다.

이 책에서는 바로크부터 아르누보까지 우리가 감상하고 즐겁게 공유할 수 있는 근현대의 앤틱 가구에 한정해서 다루었다. 그러나 책의 바깥 서랍을 열고 들여다보면, 이탈리아 르네상스 시대에 결혼식 함으로 사용되었던 카소네부터 여인네의 허벅지를 연상하게 한다는 이유로 천을 씌워 가려야 했던 빅토리아 시대의 관능적인 가구 다리를 거쳐 현대의 기상천외한 실험 가구에 이르기까지 양식사의 변화를 구슬 속 요지경처럼 투명하게 비추어 준다.

근대 시민사회가 발현하고 계층이 분화하면서 가구도 수수한 모습을 말끔히 벗고 성숙한 자태를 뽐내기 시작한다. 글쓴이는 앤틱 가구의 무딘 결을 더듬어 그 아래 묻혀 있는 형식들의 정치적 기호와 문화사적 코드도 붙든다. 그리고 미술사나 건축사와의 연결도 놓치지 않는다.

 이 책은 단순히 수집가를 위한 앤틱 가구의 입문서가 아니다. 가구의 역사에 대한 연구가 예술사의 한 부분으로 다루기 시작한 것은 이미 100년 전 빈 학파의 전통이다. 그러나 우리는 지금까지 가구의 역사를 주류 미술사학에 포함시키는데 지나치게 인색했다. 아마 학문적 귀족주의와 편견에 찬 폐쇄성 때문일 것이다. 이것이 잘못된 태도였다는 사실을 우리는 고백해야 한다. 글쓴이가 앞으로도 이런 편견을 흔들고 우리의 정신적 삶을 풍요롭게 밝히는 책들을 앞으로 더 많이 내면 좋겠다.

삼 년 산고 끝에 내는 책, 두고두고 손때 묻히는 책이 되기를

젊은 사람이 앤틱을 다루냐며 의아해하는 분들도 많다. 나도 왜 내가 그토록 앤틱에 열광하는지 잘 모른다. 생각해 보니 앤틱에 입문한 지가 올해로 11년째다. 우연인지 필연인지 앤틱을 공부하기로 결심한 뒤부터 앤틱을 배제한 삶이라는 것은 애초부터 없었던 것처럼 느껴진다. '미쳐야 미친다'고 했던가, 미친 듯이 파고들다 보니 앤틱에 대한 지식과 관이 얼마쯤 쌓여 그 계보와 계통을 내 나름의 체계로써 정리할 힘이 생겼다.

앤틱, 특히 서양의 그것은 최근 유행처럼 퍼졌지만 상업적인 거래만 왕성할 뿐 체계적인 입문서 하나 없다. 그래서 앤틱에 관심을 가지는 많은 분들이 믿고 읽을 만한 책을 쓰고 싶었다. 앤틱이라 하여 뚜렷한 근거 없이 그저 막연하게 100년쯤 된 가구로 둔갑되어 거래되곤 하는 것이 지금 우리 나라의 실정이고 보니, 앤틱 가구의 역사를 제대로 정리할 필요도 느꼈다. '정석 수학'이니 '성문 영어'와 같은, 세대를 뛰어넘어 사랑받는 대단한 참고서는 못 되더라도, 포부만큼은 경전을 써 내려가는 심정으로 책을 썼다. 산고로 치자면 아들 정빈이를 얻을 때보다 더 힘들었지만, 삼여 년 동안이나 품고 있던 또 다른 '자식'을 막상 세상에 내놓으려니 애처롭고 불안하기는 매한가지다. 부족한 점이 많은 이 자식을 두고 독자들이 행여 혹평이나 하지 않을는지, 넘쳐나는 출판물의 바다에서 그저 이름없는 존재로 사라져 버리지는 않을는지, 제대로 키우기도 전에 걱정만 앞선다.

책은 크게 세 부분으로 구성되어 있다. 첫 번째는 앤틱의 정의, 인식, 구매 장소 및 방법을 다룬 개론편이고, 두 번째는 앤틱을 스타일로 구분하여 그 특징을 정리했다. 마지막 부분은 여러 종류의 가구를 개별적으로 그 역사와 스타일, 특징 등을 시대별로 짚어 보았다. 기존의 서양 미술사를 다룬 책은 그림, 건축, 조각 등 순수 미술을 중심으로 서술되어 왔고, 가구, 도자기, 은제품, 유리 제품과 같은 장식 미술품은 항상 뒷전에 밀려나 있었다. 동시대의 산물임에도 불구하고 언제나 주류 순수 미술품한테 밀려 그 역사적 흐름을 제대로 서술한 책이 적어도 국내에는 거의 없었다. 그런 점에서 이 책을 장식 미술사의 첫 단추라고 이해해 주면 좋겠다. 아직 채워야 할 단추가 많아서 옷 매무새가 갖춰지려면 한참 멀었지만, 누군가가 이 책 덕분에 앤틱 역사의 첫 단추를 제대로 끼웠다고 한다면 망극할 따름이다.

가족, 친구, 그리고 도와 주신 많은 분들과 출간의 기쁨을 나누고 싶다. 특히, 더운 여름에 애써 주신 도서출판 호미의 홍현숙 선생과 조인숙 차장께 깊이 감사를 드린다. 시상식 단 위에 선 배우처럼 감사의 인사를 최종적으로 쓸 수 있게 된 것만으로도 기쁘기 그지없다. 무엇보다도, 세월이 흐를수록 더 빛나는 앤틱처럼, 이 책이 앤틱 애호가들 사이에서 두고두고 손때 묻히며 즐겨 보는 책이 되기를 희망한다.

2005년 10월
최지혜

차례

4 추천의 글 | 앤틱은 역사와의 만남이다 | 노성두
6 머리말

제1부 앤틱을 만나다

13 앤틱이란
16 진짜와 가짜
18 '빨간색 부적 사건'
19 앤틱의 마력
20 할머니의 쌀통
22 앤틱은 비싸다?
23 졸부의 집엔 앤틱이 없다.
25 경매 이야기
32 페어, 벼룩시장, 그리고 앤틱 숍
35 앤틱, 돈이 될까?

제2부 스타일을 말하다

39 바로크 스타일
45 로코코 스타일
51 신고전주의 스타일

58 리젠시와 엠파이어 스타일

65 빅토리안 스타일

74 아트 앤드 크라프트 스타일

80 아르누보 스타일

86 에드워디언 스타일

90 아르데코 스타일

제3부 가구를 탐색하다

99 가구 어떻게 볼까

105 가구의 주요 장식 기법

111 등받이, 다리, 발 그리고 손잡이로 본 가구 스타일

117 의자

    118 스툴

    120 식탁의자

    125 암체어와 안락 의자

    130 간이 의자

    131 컨트리 의자

    133 세틀과 소파

141 식탁
    146 게이트 렉 테이블
    148 펨브로크 테이블과 소파 테이블
    150 콘솔과 피어 테이블
    153 센터 테이블
    156 서빙 테이블과 사이드보드
    158 티 테이블과 트라이포드 테이블
    161 게임 테이블과 워크 테이블
    165 사이드 테이블과 간이 테이블
    170 화장대

176 수납 가구
    177 코퍼와 카소네
    180 체스트와 코모드
    188 체 스트 온 스탠드와 체스트 온 체스트
    190 캐비닛과 책장
    202 커보드와 옷장
    208 드레서

211 책상
226 침대
232 거울
239 기타
245 앤틱 가구 관리법

제1부
앤틱을 만나다

앤틱이란?

"빅토리아 시대 앤틱 가구 출시" 또는 "앤틱 가구로 꾸민 거실"처럼 광고나 잡지 등에서 '앤틱'이라는 용어가 널리 쓰이고 있지만 실제로는 앤틱을 찾아볼 수 없는 경우가 많다. 이것은 '앤틱'이라는 용어가 우리 나라에서 본래의 의미와는 다르게 쓰이고 있음을 뜻한다. 앤틱이란 일반적으로 백 년 이상 된 물건을 의미하는데 최근에 와서는 백 년이 되지 않았더라도 특별한 가치나 중요한 역사적 의미를 지닌 물품을 지칭하는 것으로 그 쓰임새가 넓어졌다. 따라서 앤틱을 세관의 면세 대상으로 하는 나라가 많다. 골동품을 의미하는 '앤틱antique'의 어원은 라틴어 '안티쿠스antiquus'에서 찾을 수 있는데, 고대 유물이나 유적을 뜻하는 영어의 '앤티퀴티antiquity' 또한 이 말에서 유래했다. 그러나 앤틱이 처음부터 백 년 이상 된 골동품을 뜻한 것은 아니었다. 르네상스 시대에는 고대 그리스와 로마의 유물을 가리켜 '앤틱'이라고 불렀으며, 오늘날과 같은 개념으로 자리잡게 된 것은 19세기에 이르러서다. 19세기 유럽에서는 과거에 유행했던 스타일이 대거 부활되고 수집(collecting)에 대한 관심이 새롭게 높아지면서부터 앤틱은 '수집 가치가 있는 오래 된 물건'이라는 뜻으로 쓰였다.

앤틱을 '오래 된 물건'의 개념만으로 이해할 때에는 그 범위가 '옛날 잡동사니'까지 넓어질 수도 있지만, 연구 및 논의의 대상으로서 앤틱을 다룰 때에는 수집 가치가 있는 '예술품'이나 '미술품'으로 그 범위를 좁힐 수 있다. 미술품은 크게 '순수 미술품'과 '장식 미술품'으로 나누는데 앤틱은 장식 미술품에 든

다. 미술 용어 사전에 따르면 상징적, 표출적, 내면적 의도를 갖고 제작된 회화나 조각 따위는 순수 미술품에 속하는 반면, 공예품이나 건축 안의 세부와 그 기능에 덧붙여 미적 효과를 높이기 위해 응용된 조형 예술품은 장식 미술품이라고 정의하여 장식 미술품을 순수 미술품의 하위 개념으로 두고 있다. 그러나 18세기부터 장식 미술품을 순수 미술품보다 아래에 두는 이러한 구분을 깨뜨리기 위해 많은 노력을 기울였다. 앤틱을 체계적인 학문으로 접근할 때에는 장식 미술사적인 측면으로 고찰해야 한다. 그러지 않으면, 잡동사니까지 포함하는 무한 범주 속에서 본래의 의미를 잃고 헤매기 십상이다.

앞에서도 말했듯이 앤틱은 '수집'이라는 개념과 밀접한 관련이 있다. 가구의 경우에는 공간의 제약 때문에 수집하기가 실제로 어렵지만 그 밖에 도자기, 은 제품, 유리 제품, 보석, 인형 따위는 수집에 제약이 없다 보니 앤틱의 범위는 실로 방대하여 일일이 열거할 수 없을 정도다. 고대와 중세에는 왕이나 권력자들이 희귀한 물품이나 전쟁에서 얻은 전리품들을 수집했고, 르네상스 시대의 귀족들은 당대의 유명 화가의 그림뿐만 아니라 중국의 자기, 고대 까메오도 수집했다. 르네상스의 대표적인 귀족 가문인 로렌조 메디치의 재산 목록에는 그의 특별한 수집품이 기록되어 있는데, 전설 속의 동물인 유니콘의 뿔도 들어 있었다 한다. 이처럼 신기하고 특별한 물건을 수집하는 전통은 17세기에까지 이어져 귀족들의 '분더카머wunderkammer'가 생겨났다. 분더카머는 도자기, 보석, 까메오, 대리석 조각품, 과학 도구, 책, 동식물 표본 등 예술품과 신기한 잡동사니를 수집하여 놓아 두는 방을 의미하는데, 네덜란드와 영국의 귀족들 사이에서 크게 유행하였다. 이 분더카머를 영어로 옮긴 말이 'cabinet of curiosity'이다. 귀중한 물건을 보관하는 가구인 '캐비닛cabinet'은 바로 여기에서 유래한 것이다.

19세기에 이르러 '수집' 열풍은 극에 달했고 앤틱이라는 용어가 널리 회자되면서 많은 사람들의 관심을 모았다. 그러나 이 시대의 수집품에는 17세기의 분더카머처럼 진기하고 특별한 것 외에도 차츰 평범한 것이나 전형적인 것도 포함되는 양상으로 바뀌었다. 와인 병의 코르크 마개를 뺄 때 쓰는 코르크스크루는 19세기에는 평범하고 흔한 생활 용품으로서 그 때에는 수집 가치가 크지 않아 다 쓴 뒤에는 버려지기 일쑤였다. 그러나 오늘날에는 이것이 어떤 경우에는 수백만 원이 넘는 수집품의 하나가 되었다. 또 앤틱은 물건 자체의 가치보다 그와 연관된 역사적 인물이나 사건이 중요하여 특별한 가치를 지니는 경우가 더러 있다. 예를 들면 케네디의 부인 재클린 오나시스가 걸었던 가짜 진주 목걸이는 그 물건의 실제 가치보다 소장자의 명성 때문에 나중에 특별히 평가를 받았다. 이처럼 앤틱은 세월과 역사가 함께 어우러져 낳은 결정체이다.

앤틱의 가치는 여러 가지 요소로 결정된다. 시대는 물론이고 심미적인 요소, 디자인이나 제작 기법의 특이성, 희소성, 보존 상태, 수리 여부, 작품의 내력 들이 전체적으로 고려된다. 이러한 가치의 평가는 따라서, 상대적이고 주관적인 요소도 많이 내포되어 있어 논란이 되기도 한다.

진짜와 가짜

　외국의 어느 유명 브랜드의 마케팅 담당자가 우리 나라의 상표 도용 실태를 파악하려고 출장을 왔다가 상점과 노점에서 넘쳐나는 가짜 상품에 혀를 내둘렀는데, 본인도 선물용으로 이른바 '짝퉁'을 한 보따리 샀다가 그 사실이 본사에 알려져서 망신을 당했다는 일화가 있다. 이처럼 우리 나라는 홍콩, 대만과 함께 '짝퉁 공화국'이라는 별명까지 얻을 만큼 악명이 높다. 여기에서 '가짜'란 '진짜'와 대비되는 개념으로서 소비자를 속이고자 하는 의도로 만들어진 것을 말한다. 그러므로 여기에서 말한 '가짜' 유명 브랜드는 '가짜'보다는 '모조품'이 더 정확한 표현이다.

　앤틱에서도 어느 시대에 만들어진 '시대품(period piece)'을 진품이라고 한다면, 그것을 모방하여 재현한 현대의 것은 '재현품(reproduction)'이라고 하고, 식별하기 어렵게 위조한 것은 '가짜(fake)'라고 한다. 복제품을 파는 미술상의 활약을 그린 일본 만화 「갤러리 페이크」에는 어지간한 이들의 눈으로는

구별할 수 없을 만큼 정교하게 그린 반 고흐의 해바라기 그림이나 호쿠사이의 판화 작품을 진품으로 속여 파는 얘기가 나온다. 이처럼 구매자를 속이려고 의도한 작품이 가짜, 곧 '페이크fake'다. 국내에서 현재 유통되고 있는 서양 앤틱은 우리 나라 골동품에 비해 고가품 시장이 상대적으로 크지 않기 때문에 가짜보다는 재현품이 시대품 속에 두루 섞여 있다. 그러나 앤틱 초보자에게는 이것의 구별 또한 쉽지 않다. '리프로덕션(재현품)'은 앤틱을 모방하기 위해 색상과 질감을 낡은 것처럼 표현한다. 사람의 손이 닿아서 자연스럽게 닳은 진품과 달리 재현품에는 마모될 이유가 별로 없는 부분마저 닳아 있는 경향이 있다. 또 재현품에는 긁히거나 찍힌 상처가 규칙적인 크기와 간격으로 일정하게 나 있다. 오래된 것처럼 보이도록 같은 도구를 써서 흠집을 균일하게 냈기 때문이다. 이렇게 앤틱을 흉내내어서 마감한 것을 '앤틱 마감(antique finish)'이라고 하는데 색상이나 질감을 최대한 앤틱과 비슷하게 손으로 작업한 복제품(replica)도 많다. 복제품은 상표가 붙은 새로운 제품으로 만들어져서 팔리고 있는데 이것이 우리 나라 시장에서 앤틱으로 유통되는 경우도 있다.

　앤틱 '시대품'은 언제 만들어졌는지 연대를 챙겨야 한다. 막연히 '백 년도 더 된 제품'이라는 말은 신빙성이 떨어진다. 요즈음 우리 나라에서 유통되고 있는 꽤 많은 앤틱이 1920년대에서 1930년대 사이에 만들어진 것이다. 백 년이 못 된 이러한 제품들은 소장 가치는 그리 크지 않지만 상태가 양호하고 단단한 원목으로 제작된 것이 많아서 실용적이므로 오히려 인테리어 가구로 각광받고 있다.

'빨간색 부적 사건'

　서울 문정동의 어느 집에서 물건 감정을 의뢰해 와서 간 적이 있다. 현관은 물론이고 거실에 가득 채워진 앤틱 가구들이 앤틱에 대한 주인의 남다른 열정을 말해 주었다. 가구의 앞과 뒤, 서랍 들을 꼼꼼하게 살펴보는데 기이한 것이 눈에 띄었다. 가구마다 잘 보이지 않는 곳에 이상한 종이가 한 장씩 붙어 있었다. 그것은 다름 아닌 빨간색 부적이었다. 너무나 의아해하는 나에게 주인은 조금 겸연쩍어하며 "누가 쓰던 것인지도 모르고…, 귀신 나올까 봐서요…" 하며 부적을 붙여 놓은 까닭을 설명하였다. '아! 앤틱을 좋아하는 사람 가운데에도 이런 사람이 있는데 하물며….' 이 '빨간색 부적 사건'은 나에게 앤틱에 관한 사람들의 인식이 어떠한지를 일깨워 주었다. 남이 쓰던 것에 대한 막연한 거부감에다 귀신이나 혼이 들어 있다고 믿는 미신까지 겹쳐 있으니, 부적으로나마 물리치고픈 생각이 들 법하다. 더군다나 이름 모를 '코쟁이'가 쓰던 서양 앤틱에 대한 거부감은 우리 나라 골동품에 대한 것보다 훨씬 강할 터이다. 조상이 물려주신 가보에 대해서는 거부감이 거의 없으면서 앤틱에 대해서는 부정적인 인식이 강한 것은 생경한 것에 대한 이질감과 불분명한 내력에 대한 불안감이 크기 때문이다.

앤틱의 마력

앤틱에 부정적인 인식을 가진 사람이 있는가 하면, 앤틱에 매료되어 '수집광'이나 '매니아'가 된 사람도 어렵지 않게 만날 수 있다. 외국은 물론이고 우리 나라에도 앤틱 수집가들이 적지 않다. 앰버(호박) 속에 갇힌 개미를 보고 영감을 얻어 "시간을 저장"하기 위해 앤틱을 사서 모으고 개미를 박제해서 독특한 작품을 선보인 어느 화가에서부터, 아톰과 로보트 태권브이를 비롯해 엄청난 수의 로봇을 수집한 이, 부엉이의 독특한 형태에 반해서 부엉이와 관련된 소품을 삼십 년 동안 이천여 점을 모아서 박물관까지 연 '부엉이 엄마'에 이르기까지 다양한 분야에서 저마다의 컬렉션을 자랑하는 이가 많다. 이들의 공통점은 아마도 수집을 통해서 비교 문화를 체험하는 것일 테다. 앤틱은 동시대의 다른 지역의 산물을 비교하거나 같은 품목을 시대별로 비교하는 수평, 수직의 비교 방식을 통해 문화를 체계적으로 분석하고 이해하는 것을 가능하게 한다. 이처럼 수집은 앤틱 자체가 주는 매력에서 한 걸음 더 나아가서 그 시대 문화를 이해하는 즐거움과 재미를 더해 준다.

수집광에게 앤틱은 매력을 넘어 마력을 지닌 듯하다. 대량 생산되는 신제품과는 다른, 똑같지 않은 특별함을 누구나 앤틱의 첫 번째 마력으로 꼽는다. 거기에다 세월이 빚어 내는 조용한 카리스마로 인해 앤틱은 천천히 눈에 들어와 강한 인상을 오래도록 남긴다. 온갖 풍상을 다 겪은 인자한 외할머니의 모습처럼 앤틱에는 세월의 깊이와 따스함이 묻어 있다. 삐걱거려도, 더러 흠집이 있어도 세월이라는 외투가 어느 새 그러한 불편함마저 감싸안는다. 앤틱은 또 오래 기다리는 법을 가르쳐 준다. 가구는 앤틱이 되기까지 오랜 세월을 버텨 왔고, 마음에 꼭 드는 것을 만나게 될 때까지 우리 또한 오래 기다려야 한다. 기다림 끝에 만난 앤틱 한 점은, 주문만 하면 언제든지 살 수 있는 이 시대의 여느 물건과는 달리, 오직 나만을 위해 존재하는 것으로 그 마력에 빠지지 않고는 배길 수 없다.

할머니의 쌀통

　어릴 적에 할머니의 부엌 한 쪽을 차지하던 오동나무 쌀 뒤주는 뚜껑을 열 때마다 삐걱거리는 소리가 나고 육중한 자물쇠가 걸려 있어, 쌀을 퍼낼 때마다 마치 보물을 꺼내는 듯한 느낌이 들었다. 그렇지만 더러는 뒤주 속으로 팔을 깊숙이 넣을 때 쌀 귀신이 팔을 잡아당길 것 같은 두려움에 사로잡히기도 했다. 무섭기도 했지만 싫지 않았던 뒤주 대신에 어느 날 날씬하고 하얀 플라스틱 '삼익 쌀통'이 들어왔다. 옛 뒤주에 대한 시원섭섭함은 잠깐이고, 우리 가족 모두는 새 것을 마냥 좋아라 했다. "그 때 그것을 잘 둘 걸…" 하는 후회가 든 것은 그로부터 이십 년도 더 지나서다. 그렇게 버려진 것이 어디 우리 집 뒤주뿐이랴. 더 새로운 것, 더 큰 것에 밀려나고 또 밀려나고, 유행 따라 버려지고 또 버려지는 수많은 미래의 앤틱들. 우리 나라의 디지털 텔레비전이나 대형 냉장고의 보유 수준이 유럽에 비해 월등히 높다는 것은 굳이 통계를 들먹이지 않더라도 알 수 있다. 이러한 소비 성향이 우리 나라를 '디지털 강국'으로 만드는 데에 기여했다고도 볼 수 있지만, 너무나 쉽게 버린 물건들과 함께 우리의 문화와 정신도 한데 쓸려 나가는 것이 아닌지 걱정스럽다. 사소한 것도 아끼고 물려주는 서양 사람들과는 달리, 우리는 생활 속 작은 용품을 그다지 소중하게 여기지 않으며, 많은 것들을 버렸다. 숨가쁘게 발전해 온 우리의 역사를 뒤돌아보면 이러한 현상을 이해하게 해 주는 몇몇 요인들이 있지만, 가히 '새 것 밝힘증'이라고 할 수 있는, 신기술과 신제품에 대한 맹신은 기존의 것은 낡고 보잘 것 없는 것으로 치부해 버리는 풍토를 낳았다.

　유럽에서 식사 초대를 받으면 나는 으레 '직업병'이 도져서 그 집에 어떤 앤틱이 있는지 두리번거리곤 한다. 식탁 위에 근사한 앤틱 접시나 적어도 몇 십년은 썼을 법한 은 포크나 나이프라도 놓이면 특별한 대접을 받는 듯해 으쓱해지기도 한다. 주인은 내 관심사를 배려하여 자신이 소장한 앤틱의 내력을 일러 준다. 대체로 할머니나 가까운 친척에게서 물려받은 물건이고 때로는 앤틱에 관심이 많아서 구입한 경우도 있다. 이들은 앤틱을 통해 자신의 문화 소양을 슬쩍 자랑하기도 한다. 앤틱은 큰 집이나 자동차보다는 분명 '꺼리' 가 되는 자랑거리이다. 앤틱은 우리보다 서양에서 훨씬 친숙한 것이 사실이다. 그들은 새 것만을 좋아하는 풍토도 없거니와 남이 버린 것을 주워 쓰는 것조차 부끄러워하지 않는다. 학교 운동장에서 열리는 벼룩시장이나 차 트렁크에 펼치는 난전인 카 부츠 세일car boots sale, 미국의 차고 개방 세일인 개러지 세일garage sale 들은 일상 생활 속에서 만나는 작은 앤틱 시장이다. 이 곳에 내놓은 물건은 그럴듯한 것도 있지만 누가 살까 싶을 만큼 낡고 볼품 없는 것도 많다. 코트에서 떨어진 단추며 이 빠진 그릇에 이르기까지 참으로 다양하다. 앤틱뿐만 아니라 중고품을 사고 파는 문화를 통해 재활용과 대물림이 자연스럽게 이루어진다. 앤틱을 좋아하는 문화는, 우리처럼 황학동이나 인사동 등에만 국한된 문화가 아니라 서양에서는 일상 생활 전반에 퍼져 있거니와 오래된 것이 아름답고 소중함을 가르쳐 준다.

앤틱은 비싸다?

아직까지 우리나라에서는 "앤틱은 비싸다"라는 인식이 지배적이다. 앤틱이 대부분 비싼 것은 사실이지만 가격의 높고 낮음은 저마다 다른 기준으로 평가되어야 한다. 만일 천만 원짜리 수입 현대 가구와 앤틱을 나란히 비교하면 액면 가치는 천만 원으로 같으나 실질 가치는 앤틱이 높다. 값 자체만 따지면 둘 다 비싸고, 또 앤틱이 일반 가구나 소품에 비해 특별히 비싸야 할 까닭이 없을 수도 있다. 그러나 액면 가격의 절대적인 낮고 높음보다는 상대적인 값어치가 더욱 중요하다. 그런 점에서 앤틱은 결코 비싸지 않다. 머리에서 발끝까지 명품으로 치장한 사람들은 백만 원짜리 핸드백이나 구두는 합당한 가격이라고 여기면서 같은 값의 19세기 앤틱 화병은 터무니없이 비싸다고 느낄지도 모른다.

앤틱이 '특별히 비싼 정당한 이유'를 하나하나 따지고 들어가면 우리가 간과해서는 안 될 것들이 있다. 그 가운데 가장 중요한 것은 '역사성'이다. 앤틱을 통해 우리는 과거와 만날 수 있다. 우리 할머니의 뒤주 이야기처럼 가까운 과거는 추억이라도 가져다 주지만, 그보다 더 오랜 과거는 딱딱한 이야기에 지나지 않는다. 그래서 역사책이 서술하는, 박해 받은 신교도(프로테스탄트) 망명자의 숫자나 그 망명의 여파는 우리에게 크게 와 닿지 않는다. 그러나 위그노 은 세공사가 만든 화병을 보고 만지는 순간 비로소 우리는 눈앞에서 구체화되는 역사를 만나게 된다. 그야말로 딱딱한 '교과서 역사'가 아닌 교감할 수 있는 '실물 역사'를 만나는 셈이다. 또 앤틱과 지금 제품을 비교하면서 내가 어떠한 시대를 살고 있는지 돌아보게도 하고 미래를 생각하게도 한다. 옛 사람들이 정성껏 손수 만든 물건과 공장에서 대량으로 생산된 현대의 것과 비교하면서 "그 옛날에 어떻게 이런 물건을 만들었지?" 하고 말하는 현대인의 오만함을 부끄러워할 수 있게 하는 것도 역사책이 전해 주지 못하는 살아 있는 교훈이다.

졸부의 집엔 앤틱이 없다

'졸부'는 단순히 벼락부자가 된 사람이라는 의미를 넘어 돈은 많으나 이른바 '콘텐츠'가 부족한 사람이라는 의미로 통용된다. 그렇기 때문에 졸부는 남에게 과시하려는 욕구가 무척 강하다. 졸부들에게 결여되어 있는 콘텐츠에는 아마도 지식, 명예를 비롯하여 예술, 인문적 소양까지 포함될 것이다. 이러한 콘텐츠의 결여를 짧은 기간에 보완하기란 매우 어렵다. 졸부들이 돈으로 이 부족한 부분을 채우려고 애쓰는 것을 곳곳에서 볼 수 있고, 또 웬만큼은 짧은 기간 안에 채워지기도 한다. 그러나 가장 넘기 어려운 산은 바로 예술, 인문적 교양이다. 특히 예술 부분의 교양 가운데 '안목'이라는 것이 있는데 이는 살아가면서 생활 속에서 자연스럽게 쌓이는 것이기에 졸부는 결코 안목이 높을 수가 없다. 안목이란 사전적 의미대로라면 '사물을 보아서 분별할 수 있는 식견이나 사물의 가치를 판별할 수 있는 능력'을 말한다. 예술품에 대한 안목은 결코 하루 아침에 길러지지는 않는다. 수십억에 이르는 큰 집에 살면서도 졸부는 제대로 된 그림 한 점 걸지 않는다. 인문적 교양도 마찬가지다. '졸부'의 책장에는 단행본보다는 전집이 훨씬 많이 꽂혀 있어서 겉보기에는 좋지만 실제로 읽은 책은 거의 없다. 앤틱이 갖는 문화적, 역사적 의미를 이해하고 소장하는 이들과는 달리 졸부의 집에서 앤틱을 찾아보기 어려운 이유가 여기에 있다.

과거 서양의 '귀족'과 우리 나라의 '양반'은 재산의 많고 적음보다는 인문 교양의 깊이를 더 중요하게 여겼다. 물론 이들이 평민이나 상민보다 상대적으로 부유한 것은 사실이지만 부유하다고 모두 귀족과 양반이 되는 것이 아니기 때문에 재산은 그리 중요한 척도가 아니었다. 그러나 오늘날에는 계급이 재산의 많고 적음에 따라 상류층 또는 부유층, 중산층, 그리고 서민층으로 나뉜다. 이른바 '신귀족'이라 일컫는 상류층 사이에서 그들의 고유한 문화를 창출하려는 움직임이 적지 않다. 단순히 재산이 많은 것을 넘어 예술과 문화 그리고 사회 전반을 이끄는 오피니언 리더가 되고자 노력을 기울인다. 때때로 이들을 겨냥한 '신귀족 마케팅'이 대기업의 판매 전략으로 채택되기도 한다. 상류층의 문화는 나머지 계층이 모방한다. 명품이나 브랜드 상품을 선호하는 상류층 문화가 다른 계층에게 널리 확산되는 경향은 이러한 현상을 반영한다. 앤틱의 유행도 같은 맥락을 탄다. 앤틱이 상류층, 특히 오피니언 리더층에서 유행하자 덩달아 앤틱과 겉모양이 비슷한 제품들이 봇물처럼 쏟아져 나오고, 이러한 제품에 앤틱이라는 용어가 정확한 이해 없이 무차별적으로 쓰이고 있다.

경매 이야기

국제 공항과도 같은 경매장

"미술품 경매 세계 최고 기록 천이백억 원." 최근 뉴욕 소더비 경매사에서 낙찰된 이 작품은 피카소의 '파이프를 든 소년'이다. 이처럼 엄청난 가격에 예술 작품이나 앤틱이 거래되는 뉴스를 가끔 들으면 경매란 보통 사람은 가까이하기 어려운 별천지라는 생각이 들곤 한다. 그렇지만 경매에서 언제나 비싼 물건만 거래되는 것은 아니다. 유럽과 미국 등에 널리 퍼져 있는 크고 작은 규모의 경매장에서는 몇 천 원짜리 소품에서부터 수백억 원에 이르는 작품까지 다양하게 거래된다. 세계 경매장의 양대 산맥이라고 할 수 있는 '소더비'나 '크리스티' 같은 큰 규모의 경매장은 마치 국제 공항을 연상시킨다. 온 세계의 바이어가 오가고 각 부서는 마치 저마다의 항공사처럼 자신들의 고객을 맞아 일을 처리하느라 분주하다. VIP에게는 일등석 손님을 대하듯 친절하고 깍듯하다. 경매장 안에 카페까지 자리잡고 있으니 공항의 라운지와 다를 바 없다. 1744년에 서적 판매로 시작하여 경매의 역사가 앞서 있는 소더비와, 1766년에 미술품 경매부터 시작한 크리스티는 저마다 '원조'임을 자랑한다.

경매 중에서도 미술품 경매 역사는 로마제국까지 그 기원을 거슬러 올라간다. 로마제국에는 화랑이나 미술품 딜러들도 많고, 심지어 위조품(fake)을 제작하는 산업까지 발달했다 하니 진품과 가짜를 둘러싼 말도 많고 탈도 많은 미술계 이야기는 어제 오늘의 이야기가 아닌 듯하다. 현재 경매사는 전세계적으로 육백여 개쯤 있으며 특히 미국과 유럽에 집중되어 있다. 우리 나라는 1979년 신세계 미술관에서 열린 경매를 시작으로 이십여 년의 짧은 역사를 가지고 있지만 앞으로 많은 발전 가능성을 가지고 있다.

전세계적으로 가장 일반적인 경매 방식은 가장 높은 가격을 입찰한 사람에게 낙찰되는 것이지만 초창기 여러 가지 경매 방식 가운데서 가장 오랜 역사를 가졌으면서도 특이한 것이 '촛불 경매' 이다. 길이가 2.5센티미터쯤 되는 초를 놓고 불을 붙이면 경매가 시작되어 초가 다 타서 꺼지는 순간에 가장 높은 가격을 입찰한 사람이 낙찰받는 방식이다. 참가한 사람들이 촛불을 에워싸고 촛불을 주시하면서 가격을 올리는 모습은 상상만 해도 긴장감이 넘치고 흥미진진하다. 이것은 무한 가격을 추구하는 오늘날의 경매와는 달리 정해진 시간 안에 가격을 결정하는 방식이었다.

크리스티 경매장

경매 도록(catalogue)

경매에 부쳐질 품목을 순서대로 나열하고 품목에 대한 자세한 설명과 함께 예상가를 표시한 것이 경매 도록이다. 경매 도록은 보통 경매 시작하기 일 주일이나 이 주일 전에 출판되어 온 세계 고객에게 배달된다. 경매 회사에서 작품을 구매한 경력이 있으면 특별히 요청하지 않아도 무료로 배송해 주고, 그렇지 않을 경우는 고객이 요청하면 우편으로 받을 수 있다. 요즈음에는 인터넷으로 주문하거나 온라인 도록을 보는 경우도 많다. 중요한 품목일수록 도록에 그림이나 설명이 화려하고 자세하게 적혀 있어 구매자의 눈길을 사로잡는다. 그렇지만 도록에 적혀 있는 내용을 무조건으로 받아들이기보다는 비판적인 자세를 가져야 한다. 도록은 철저하게 검증된 교과서라기보다는 경매사의 판매를 돕는 일종의 구체화된 메뉴나 안내책쯤으로 이해하는 편이 좋다. 게다가 가끔 감정의 오류도 있고 하니 도록에 있는 그대로를 모두 믿는 것은 바람직하지 않다. 경매에 들어가기 전에 원하는 작품을 살펴볼 때 도록의 설명을 곁들어 읽고 메모도 하면서 도록을 충분히 활용해야 한다. 많은 경매 회사에서 각각의 작품에 대한 부분 개런티(보증)를 하고 있는데 도록에 대문자나 볼드체로 인쇄된 부분이 이에 해당된다. 예컨대 도록에 볼드체로 '17세기'라고 적혀 있는데 이것이 뒤에 20세기의 리프로덕션(재현품)으로 판명되면 이를 법적 근거로 적용할 수 있다.

도록에는 작품에 대한 경매 예상가(estimate)가 보통 적정 범위로 표시되어 있다. 이 가격은 경매 회사에서 추정하는 가격이므로 이것이 작품의 시장가(market price)라고 보기에는 무리가 있다. 거래 당일 경매사의 망치가 떨어져서 낙찰되는 가격이 바로 낙찰가(hammer price)이다. 낙찰가는 예상가의 범위 안에서 결정되는 경우도 있지만 경쟁이 심할 때에는 예상가를 몇 배 웃도는 경우도 많고, 반대로 예상가에 전혀 미치지 못하고 유찰되거나 예상가보다 낮게 낙찰되기도 한다. 작품이 유찰되는 것은 위탁자와 경매사 사이에 약정된 내정가(reserved price)에 미치지 못했기 때문인데, 내정가는 서로 간의 비밀이므로 경매 참석자가 알 수 없으며 도록에도 표기되지 않는다. 그러나 내정가는 일반적으로 예상가의 범위 가운데 낮은 예상가의 85퍼센트에서 90퍼센트쯤에서 결정되고 때로는 위탁자의 의사에 따라 내정가를 정하지 않는 경우도 더러 있다.

미리 보기(preview)

작품을 미리 보는 것은 합리적인 구매의 첫걸음이다. 이 때 작품의 상태를 잘 점검해야 한다. 가구라면 서랍을 열어 본다든지, 의자를 뒤집어 본다든지 하여 속속들이 살펴야 한다. 열쇠가 잠긴 진열장 안에 전시된 소품을 미리 보고 싶은 경우에는 관리자에게 부탁하면 볼 수 있다. 여러 번 부탁하는 것을 미안해할 필요는 없다. 또한 미리 보기는 보통 경매하기 하루나 사흘 전에 열리므로 반드시 이 때 충분한 시간을 두고 보는 것이 좋다. 경매 당일에는 경매 진행을 위해 작품을 따로 치우거나 순서대로 보관하는 곳이 많아 미리 보기를 할 수 없는 경우가 많다. 작품을 볼 때 궁금한 사항이 있으면 주저 없이 담당자에게 문의하여 최대한 많은 정보를 파악하는 것이 좋다. 가구의 경우에는 부러지거나 하여서 수리가 필요한 것도 많은데, 수리나 복원에 비용이 얼마쯤 드는지 알아 두는 것이 좋다. 자칫 잘못하면 배보다 배꼽이 더 클 수도 있기 때문이다. 경매 당일의 상황에 따라 자신이 원하는 작품이 예산을 넘어 구매할 수 없는 경우를 대비하여, 미리 보기를 할 때, 자신의 선호도에 따라 도록에 나름대로 표기를 해 두는 것이 좋다. 예컨대 꼭 구매하고 싶은 것에는 별표, 값이 싸면 구매할 뜻이 있는 것에는 세모 표를 한다든지 자신만의 선택 기준을 마음 속으로 미리 정해 두면 무리하게 구매해서 후회하는 일이 없다.

입찰 등록하기(registering to bid)

경매에 입찰하기 위해서 경매 시작 전이나 도중에 등록을 해야 한다. 이름과 주소, 연락처를 서류에 적으면 번호표를 준다. 가끔 등록을 받지 않고 전통적인 방식대로 낙찰받았을 때 자신의 이름을 불러 주어야 하는 곳도 있다. 서양에서는 신용을 바탕으로 진행하므로 특별히 여권과 같은 신분증을 요구하지 않고 고객이 적은 것을 전적으로 신뢰하는 것이 보통이므로 등록할 때에 인적 사항을 거짓으로 적는 일은 없도록 한다.

구매하기(buying)

경매사가 연단에 서서 시작을 알리면 도록에 있는 순서대로 경매가 진행된다. 참가자들에게 생각할 여유를 주지 않고 매우 빠르게 진행하기 때문에 순간 순간 판단력이 빨라야 한다. 응찰자가 없는데도 경매사가 허공에 대고 실제 응찰자가 나설 때까지 경매를 하는 경우도 있는데 이를 '샹들리에 입찰(off the chandelier)'이라고 한다. 일종의 눈속임이지만 관행으로 많이 한다. 이처럼 숨가쁘게 경매를 진행하기 때문에 눈 깜짝할 사이에 예산을 훌쩍 넘어갈 수 있으므로 자신이 정한 최대 입찰가를 지키려는 자세로 경매에 참가해야 한다. 번호표를 한 번 들 때마다 가격이 꽤 많이 올라가므로 신중하게 결정해야 한다. 마치 도박장에서 사용하는 칩처럼 현금과 달리 심리적으로 큰 부담이 없기 때문에 경쟁 속에서 스스로를 제어하는 것은 그리 쉬운 일이 아니다. 그렇다고 또 너무 주눅이 들어서 제대로 입찰을 하지 못하는 경우가 없도록 자신감을 가지고 의사를 분명하게 표시하는 것이 좋다.

　경매사는 보통 작품을 경매에 붙일 때 낮은 예상가의 60퍼센트쯤에서 시작하지만, 경매사의 재량에 따라서 또는 높은 경쟁이 예상될 경우에는 예상가보다 높게 시작하는 경우도 있다. 값을 올리는 범위는 보통 예상가의 10퍼센트이다. 예컨대 예상가가 백만 원에서 이백만 원일 경우 십만 원씩 올려서 부르고, 천만 원에서 천오백만 원이면 백만 원씩 올려서 부른다. 우리 나라에서는 경매사가 올라가는 호가분을 알려주지만 외국에서는 경매사의 재량대로 진행하는 경우가 많다. 그리고 보통 경매사가 가격을 부르면 입찰자는 번호표를 들어 수동적으로 이에 응하지만, 때로는 입찰자가 가격을 부르며 하는 경우도 있다. 이럴 경우에는 경매사가 이를 받아들일 수도 있고 하던 대로 계속 진행할 수도 있다.

　입찰을 할 때에는 주로 번호표를 들어 입찰 의사를 경매사에게 표시하지만 손을 들거나 고개를 끄덕이는 등의 다양한 방식으로도 가능하다. 낙찰을 받은 경우에는 번호표를 경매사에게 보여 주어 경매사가 기록할 수 있도록 해야 한다. 그렇게 함으로써 경매 회사를 대표하는 경매사와 입찰자 사이에 일종의 계약이 맺어진 것으로서 이 때부터 계약을 이행해야 하는 의무가 따른다. 그러므로 마음이 바뀌었다고 해서 구매를 취소하거나 변경할 수 없다. 하루에 수백 개의 작품이 경매되므로 경매를 처음부터 끝까지 참석해야 하는 것은 아니다. 경매사의 진행 속도에 따라 차이가 있겠지만 보통 한 시간에 육십 개에서 백 개

정도의 작품을 경매하므로 시간 절약을 위해 본인이 원하는 작품의 경매가 시작될 무렵에 들어가도 되고, 경매가 진행중이라도 자리를 떠날 수 있다.

부재자 입찰(absentee bid)

본인이 경매에 직접 참가할 수 없을 때는 부재자 입찰을 신청할 수 있다. 소정의 양식에 인적 사항과 원하는 작품 번호, 그리고 본인의 최대 입찰가를 적어서 신청하면 경매사가 당일에 대신 입찰을 한다. 이 때 최대 입찰가는 세금이나 수수료를 뺀 낙찰가를 기준으로 적는다. 경매사는 부재자를 대신하여 최대한 낮은 가격에 낙찰받아 주어야 하지만 현장에서 본인이 직접 하는 것보다 불리할 경우가 있다. 또 전화와 팩스, 이메일로도 입찰이 가능하다. 부재자 입찰은 보통 경매 하루 전날까지 신청해야 한다. 전화 입찰은 보조 운영자가 경매장에 있는 여러 대의 전화로 신청자에게 순서가 될 무렵 전화를 걸어 준다. 전화 요금은 경매사 측에서 부담하며 만일 연결이 안 되어 응찰하지 못하는 일이 생겨도 경매사에서 책임지지 않는다. 그러므로 예컨대 이동 중이거나 지하철 안에서 전화 연결이 잘 되지 않았을 때에는 입찰 불가로 간주한다. 부재자로 입찰할 때 별도로 더 치러야 할 비용은 없다.

대금 결제와 인도(paying and collecting)

낙찰자는 경매사에서 정한 기간 안에 구매 대금을 모두 지불하여야 한다. 이 때 구매 대금은 낙찰가와 구매 수수료를 포함한 가격을 말하며 구매 수수료는 경매사에 따라 차이가 있으며 보통 낙찰가의 10퍼센트에서 20퍼센트이다. 구매 수수료에 세금이 포함되어 있는 경우가 대부분이고 그렇지 않은 경우는 낙찰가에 세금이 별도로 부과되거나 구매 수수료에 대한 세금이 별도로 부과되는 작품도 있다. 이러한 경우는 도록 작품 번호 앞에 각각 십자가나 별표와 같은 특정한 표시가 되어 있으므로 도록 뒤쪽에 있는 경매 약관을 읽어 보아야 한다.

대금의 지불은 현금, 수표, 직불 카드, 그리고 신용 카드로 결제가 가능하다. 현금은 일 년에 개인이 한 경매사에서 사용할 수 있는 금액의 한도가 있으므로 미리 알아 보아야 한다. 또 신용 카드로 결제할 때 별도의 수수료를 내는 곳이 많다. 경매사에서 정한 날짜 안에 대금을 지불하지 못하거나 대금을 지불한 뒤에 작품을 가져가지 않으면 따로 보관료를 내야 한다. 보관료는 하루 단위로 계산하기 때문에 오래 보관할 경우 엄청난 비용을 부담해야 하므로 신속하게 처리해야 한다. 작품을 본인이 운송할 수 없는 경우에는 운송 회사에 의뢰하여 처리한다. 경매사 안에 있는 운송 회사는 편리하고 전문적이지만 다소 비용이 비싸다.

소더비나 크리스티 같은 경매장에는 하루에도 수십 명이 넘는 사람들이 쇼핑백에 저마다의 앤틱을 싸 들고 와서 감정을 의뢰한다. 안내 데스크에서 담당 부서의 전문가에게 감정받는 서비스는 모두 무료다. 작품이 너무 커서 직접 가져올 수 없는 경우에는 사진이나 이메일로도 감정을 의뢰할 수 있다. 의뢰한 작품이 경매사에서 거래될 수 있는 것이면 경매사에서는 위탁하기를 권유한다. 위탁해서 낙찰되었을 경우에 위탁자는 보통 낙찰가의 10퍼센트에서 15퍼센트의 낙찰 수수료와 낙찰 수수료에 대한 부가세, 그리고 보험금, 기타 위탁 수수료가 부과되므로 낙찰가에서 이를 공제한 금액을 경매사에서 받는다. 그 밖에 도록에 사진을 첨부할 때 사진 값을 청구하는 곳도 있고 경매에서 유찰되었을 때에도 위탁 수수료가 부과되므로 경매사를 통해 작품을 판매할 때에 위탁자에게도 일정 부분 부담이 있다. 그렇지만 경매는 공신력 있는 기관을 통해 작품을 공개적으로 홍보, 판매할 수 있으므로 가장 효과적인 거래 수단이다.

페어, 벼룩시장, 그리고 앤틱 숍

다소 복잡한 과정을 거쳐야 하는 경매 대신에 페어(antique fair)나 벼룩시장(flee market), 또는 앤틱 숍은 좀더 편리하고 선택의 폭이 넓은 구매 장소다. 칵테일 드레스를 입고 돔 페리뇽 샴페인 한 잔을 곁들이면서 우아하게 둘러보는 페어가 있는가 하면, 오리털 점퍼를 입고 손전등을 비춰 가며 동트는 새벽에 들판을 헤매며 다녀야 하는 곳도 있다. 페어의 분위기만큼이나 다양한 것이 출품된 작품의 질과 양이다. 주로 마호가니나 월넛으로 만든 18세기 영국 가구만 취급하는 딜러가 있는가 하면, 윈저 체어를 비롯한 컨트리 가구만을, 또는 프랑스 것만을 전문적으로 다루는 등 한 분야에 초점을 맞추는 딜러도 있고, 시대와 스타일을 막론하고 다양한 것을 두루 취급하는 딜러도 있다.

페어 일정이 나와 있는 달력을 펼쳐 보면 이처럼 크고 작은 페어가 유럽과 미국에서는 거의 날마다 열리고 있음을 알 수 있다. 규모가 큰 페어는 유명 경매사의 도록보다 훨씬 두껍고 근사한 캐털로그를 발행하기도 하는데 이것은 참가자들에게 유용한 정보와 자료가 된다. 이 캐털로그는 비록 페어장 안에서 작품을 사지 않더라도 나중에 딜러들과 연락할 때 필요하다. 또 큰 페어 가운데에는 유명 딜러들로 구성된 앤틱 조합의 멤버들이 대거 참여하는 것도 많다. 저마다 앤틱 조합은 고유의 심볼 마크를 페어나 자신의 매장에 붙여 둔다. 영국에서는 'LAPADA(the London and Provincial Association of Art and Antique Dealers)'와 'BADA'(the British Antique Dealers' Association)가 대표적인 조합이다. 미국에서는 The National Art & Antiques Dealers Association of America, Inc.와 the Art & Antique Dealers League of America가 대표적이다. 이러한 조합의 멤버들은 조합에서 규정하는 적정 수준 이상의 앤틱을 거래하므로 작품의 질을 웬만큼 인정받을 수 있다. 페어장에 종종 'vetted'

라는 글자가 적혀 있는데 이것은 '여기에 전시된 모든 것은 전문가에 의해 면밀히 검토된 것' 이라는 의미다. 이처럼 철저하게 검증되고 준비가 잘 된 페어 가운데에는 입장료가 꽤 비싼 곳이 더러 있다. 영국에서 열리는 대표적인 앤틱 페어로는 런던의 올림피아에서 열리는 파인 아트 페어(The Fine Art & Antiques Fair)와 그로스버너 하우스 페어(The Grosvenor House Art & Antiques Fair)가 있다.

반면에 앤틱 벼룩시장을 방불케 하는 작은 규모의 페어는 작품 하나하나에 대한 검증이 없어 자신의 안목으로 모든 것을 결정해야 하지만 싸게 '건질 만한' 물건을 찾을 수 있다. 벌판에서 펼쳐지는 페어는 이른 새벽에 시작하는 곳이 많기 때문에 손전등을 반드시 챙겨야 한다. 또 입구에서 받은 지도에 자신이 산 부스와 품목을 기록하는 것이 좋다. 보통 물건 값의 일부를 예치금으로 지불하고 난 뒤에 찾을 때 잔금을 내야 하므로 미리 표시해 두지 않으면 넓은 곳에서 낭패하기 십상이다.

앤틱 벼룩시장

앤틱 벼룩시장은 앤틱 애호가가 아니더라도 한번쯤 들러 볼 만한 관광지다. 특히 런던의 포토벨로 마켓Portobello Market이나 프랑스의 마르쉐 오 퓨스 Marche aux Puces는 잘 알려진 곳이다. 이러한 벼룩시장은 보통 일 주일에 한 번 정도 열리고 새벽에 시작해서 오후 2시쯤에는 파장하는 곳이 있으니 일찍 서두르는 것이 좋다. 벼룩시장은 말 그대로 온갖 잡동사니가 모여 있어서 볼거리가 풍부하다. 브라이튼(영국 남부 해안 도시)에 있는 벼룩시장에서 한 친구가 여러 가지 대리석이 박힌 팔찌를 헐값에 산 적이 있었는데 나중에 알고 보니 로마 시대의 희귀한 유물로 밝혀져 신문에 소개된 일도 있다. 그 밖에도 이와 비슷하게 벼룩시장을 둘러싼 억세게 운 좋은 사람들의 얘기가 떠돌기는 하지만, 앤틱 벼룩시장은 발품을 팔며 수고한 만큼 좋은 작품을 만나기가 그리 쉽지는 않다. 벼룩시장에서 물건을 살 경우에는 보통 현금으로 값을 치르고 영수증을 받지 않는 경우가 많으나 반드시 판매한 딜러의 이름과 주소, 거래된 품목에 대한 간단한 설명, 대략적인 연대, 그리고 가격이 명시된 영수증을 받는 것이 좋다.

앤틱 숍

앤틱 숍은 경매나 페어, 벼룩시장에 비해 딜러가 매장을 운영하므로 고객에 대한 서비스가 높고 교환이나 환불이 쉽기 때문에 좀더 안정적인 구매 장소이다. 개인적인 신뢰를 바탕으로 본인의 취향에 맞는 작품에 대해 지속적으로 정보를 얻을 수 있어서 단골이 될 수 있는 곳이다. 경매처럼 짧은 시간 안에 결정해야 하는 것과는 달리 숍에서는 찬찬히 생각할 수 있고 값도 조정할 수 있다. 또 경매에서는 위탁자가 작품을 내놓을 당시의 상태 그대로 출품하기 때문에 낡고 수리가 필요한 것도 꽤 있지만 숍에서는 이미 딜러의 손을 거쳐 하나의 상품으로서 손색이 없을 만큼 보완했기 때문에 상태가 양호한 것들을 많이 볼 수 있다. 그렇지만 가격은 소매라는 것을 웬만큼 감안해야 한다.

벼룩시장

앤틱, 돈이 될까?

재테크의 수단으로서의 앤틱, 아직은 매우 낯설고 먼 나라 얘기인 듯하다. 만일 앤틱이 증권이나 부동산보다 더 안정적이고 효과적인 투자 수단이라면, 황금알을 낳는 거위를 키우는 즐거움은 단순히 재산의 소유권을 인정하는 종이 몇 장에 비할 바가 아니다. 그러나 우리 나라에서 이러한 환경이 조성되려면 시간이 꽤 걸릴 듯하다. 천정부지로 치솟는 부동산은 여전히 최고의 투자 대상으로 자리매김하고 있거니와, 미술품의 음성적인 거래와 미술품 가격에 대한 불신, 그리고 미술 시장의 장기적인 침체로 인해 새로운 투자의 대상으로서의 앤틱은 아직은 멀게만 느껴진다.

서양의 경우 앤틱이 건전한 투자 방식으로 인식된 지 오래다. 영국의 경우를 예로 들면 1968년에 구매한 앤틱 가구를 기준가를 100으로 정하고 2005년까지의 가격 변동을 기록하는 ACC 앤틱 가구 지수(ACC Furniture Index)의 수치는 앤틱 가구가 남동부 지역의 부동산 가격이나 주식을 훨씬 웃도는 성공적인 투자임을 명확히 보여 준다(표1). 예컨대 1969년에 산 100파운드짜리 가구가 1989년에는 평균 2,450파운드 정도의 가치가 있었다. 이십 년 동안 스물네 배 이상 가치가 올랐으므로 연간 상승률은 100퍼센트 이상인 셈이다. 가구는, 증권이나 부동산과는 달리, 경제 상황이 나빠졌다고 해서 급매를 하거나 또는 서둘러서 구매하는 경우가 거의 없기 때문에 갑자기 가격이 떨어지거나 올라가는 예는 드물다. 표에서도 나타나듯이 앤틱 가구의 가격은 오랜 기간에 걸쳐 꾸준히 오르고, 설령 내리더라도 떨어지는 폭이 그리 크지 않다. 그러므로 앤틱 가구가 적어도 영국의 경우에는 안정적인 투자 방식임에 틀림없다. 그렇다고 모든 앤틱 가구가 '돈이 되는' 것은 아니다.

연대가 최소한 백 년 이상이며, 보존 상태가 양호하고, 같은 시대의 다른 작품에 비해 형태나 장식이 독특하고 심미적 요소를 갖추고, 희소성이 있는 것은 장기적으로 가치 상승을 기대할 수 있다. 제작자나 디자이너가 명확하거나 유명한 사람이 소장하였던 것은 주식으로 치면 '우량주'이므로 더 안정적인 투자 대상이 될 수 있다. 앤틱을 통한 재테크가 가능하려면 경매와 같은 공개적인 절차를 통한 거래가 활발하게 이루어져서 소장자가 쉽게 사고 팔 수 있는 여건이 마련되어야 한다. 우리 나라는 아직은 경매 역사가 매우 짧지만, 앞으로 앤틱의 거래가 좀더 활성화되면 앤틱이 새로운 투자 방식으로 손꼽힐 날이 올 것이다. 우리도 2005년을 영국의 1968년처럼 기준가 100으로 설정하여 앞으로 이십 년 동안 변화의 추이를 지켜봄직하다.

표1 | 여러 투자 형태 비교 (영국)

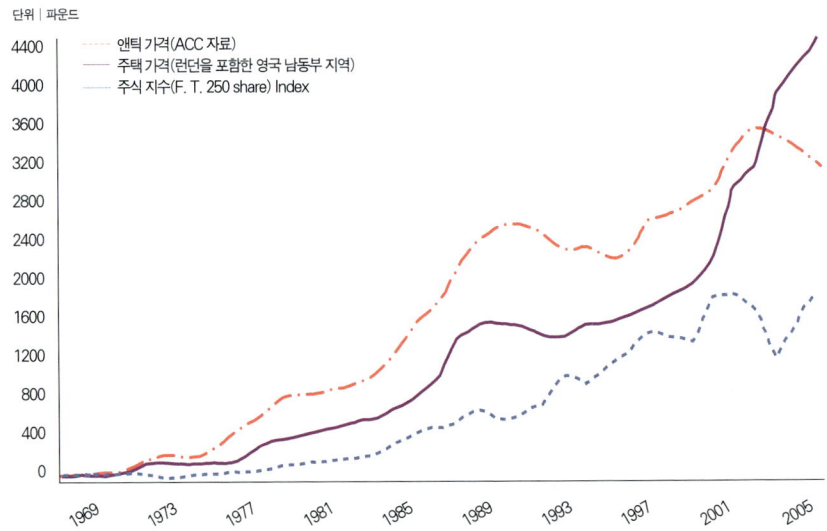

제2부
스타일을 말하다

바로크 스타일
Baroque Style, 1620-1700

　바로크 스타일에는 인생이 녹아 있다. 드라마틱하기 때문이다. 화려한 겉모습과 내면의 갈등 그리고 허무함과 쓸쓸함까지, 바로크 스타일은 연극과 같은 삶을 이야기한다. 바로크 스타일은 이탈리아에서 유래하여 북유럽으로 확산되었다. 종교 전쟁과 같은, 끊임없는 시대적 갈등 속에서 절대 왕정이라는 요란한 무대가 눈앞에 펼쳐진 시기였다. 단아한 고전미를 지닌 르네상스 스타일로는 이 광풍 같은 시대를 극적으로 표현하기에 부족했다. 르네상스는 마치 열에 들뜬 환자처럼 꿈틀거리기 시작했다. '일그러진 진주'라는 뜻의 포르투갈어인 '바로크'는 이러한 현상을 정확히 표현한 말이다. 이탈리아 건축과 조각의 영향을 강하게 받은 바로크 스타일은 프랑스의 루이 14세의 궁정에서 좀더 고전적인 색채가 더해져 절제미가 보인다. 영국에는 네덜란드와 프랑스를 통해 바로크 스타일이 전해졌다. 따라서 영국의 바로크는 마치 이탈리아의 원형을 이 두 나라의 체로 거르고 정제하여 융화시킨 듯하다.

바로크 스타일은 무엇보다 건축적인 요소가 매우 강하다. 특히 가구에 이러한 특징이 잘 나타나 있다. 마치 큰 건축물의 모형 같거나 건물 외관을 장식한 기둥이나 부조를 줄여 놓은 듯한 형태의 캐비닛이 많다. 어떤 캐비닛은 문을 열면 마치 실제 건물의 안을 들여다보는 듯한 착각마저 든다.

플랑드르 지역의
장식장과 받침.
거북 등껍질,
흑단, 흑단 칠에 아이보리 상감.
17세기 중반.
171×84×49cm

　장식장을 하나의 축소시킨 모형 건축물로 가정하면 한가운데 배치된 현관은 디자인의 중심(focul point)이 되고 이것을 기준으로 좌, 우 양쪽이 대칭을 이룬다. 이처럼 디자인에서 대칭을 확보하는 것은 좀더 장중하고 엄격한 느낌을 자아내기 때문에, 궁정과 같은 위엄 있는 분위기의 실내에 잘 어울렸다. 이러한 디자인을 바탕으로 아이보리와 준보석, 흑단, 그리고 토토쉘(거북 등껍질)과 같은 귀한 소재로 마치 건물을 지어 올리듯 화려하게 제작하였다. 이 재료들은 색감이 매우 강렬하다. 블랙 앤드 화이트, 블랙 앤드 레드와 같이 강한 대조를 이루거나 또는 피에트레 듀레 기법(pietre dure ; 라피즈 라줄리, 아게이트, 호박과 같은 준보석이나 대리석으로 상감하는 것)으로 꽃병이나 나뭇가지에 앉은 새

위의 장식장의 세부.

와 같은 이미지를 다채로운 색상으로 표현기도 하였다.

조각 또한 건축과 더불어 바로크 스타일의 중요한 요소였다. 베니스의 가구 제작자 안드레아 브루스톨롱Andrea Brustolon의 작품은 그 자체가 하나의 조각품이다. 콘솔 다리에 조각된 인물들의 역동적인 몸짓은 연극 무대를 연상시킨다.

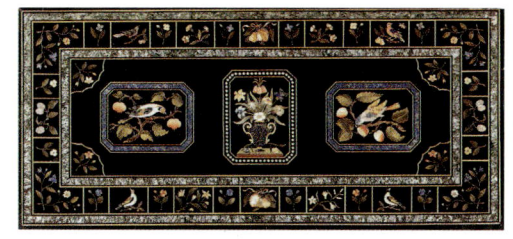

피에트레 듀레 테이블 상판.
17세기. 68x154cm

콘솔은 이탈리아 곳곳에 지어 놓은 귀족들의 대저택 팔라초palazzo 안에 놓였다. 이러한 콘솔은 어쩌면 가구라고 하기보다는 조각품으로 분류해야 할지도 모른다. 여러 가지 모티브가 조각되었지만 그 가운데 신화 속 인물, 아칸서스 잎, 그리고 그 사이를 노니는 아기 천사 '푸티putti'가 전형으로 조각되어 있다. 다소 무른 나무를 소재로 꽃과 과일 심지어 레이스까지 조각한, 상상을 초월하는 섬세한 조각은 17세기 영국의 벽 장식으로도 쓰였다. 그린링 기번스 Grinling Gibbons는 이 방면의 대가로 손꼽힌다.

콘솔.
안드레아 브루스톨롱 작품.
1700년 무렵.

환상적인 솜씨로 만들어진 바로크 스타일의 제품들은 시각적인 효과를 너무 강조한 나머지 사용하기에 불편하고 거추장스러운 것이 많다. 이탈리아의 무라노 섬에서 만들어진 베니스 유리 잔은 손잡이의 형태가 너무 복잡해 실용성이 떨어지고, 독일과 보헤미아 지역에서 발달된 바로크 스타일의 유리 제품 또한 손잡이나 뚜껑 장식이 밋밋한 기둥과는 거리가 멀다.

바로크 스타일이 북유럽으로 확산되는 데에는 판화가 큰 역할을 하였다. 종교와 신화의 주제나 풍경화는 장인들에게 중요한 디자인의 원천이었다. 이탈리아, 프랑스, 네덜란드 그리고 영국에서 널리 만들어진 주석 유약 도기 (tin-glazed wares)에서 볼 수 있는 회화적인 요소도 유명 화가들의 판화를 보고 화가가 도기에다 손수 그린 것이다.

그린링 기번스 스타일로 조각한 거울. 라임우드. 영국, 1690년. 120x92cm

그런 도기는 중국에서 수입한 자기를 모델로 만들었다. 지역에 따라 델프트 또는 파이앙스로 불리는 이들 도기는 청화 백자의 블루 앤드 화이트 색상뿐만 아니라 연꽃이나 당초 문양과 같은 중국 무늬도 고스란히 담고 있었다.

거기에 더하여 중국의 차와 자기 그리고 칠기 가구가 유럽으로 들어옴에 따라 이국 정취가 물씬 풍기는 중국풍, 이른바 '시누아즈리chinoiserie' 가 탄생되었다. 시누아즈리는 중국과의 무역이 활발하던 바로크 시대가 낳고, 로코코 시대가 길러서 크게 유행시켰다. 중국산 칠기 함이나 이를 모방한 가구를, 바로크 스타일로 만든 화려한 받침에 올려놓은 캐비닛은 시누아즈리의 대표적인 예로 손꼽힌다.

델프트 도기, 야콥 벰메르츠Jacob Wemmersz 제작. 네덜란드. 야콥 벰메르츠를 의미하는 IW 마크. 1670년 무렵. 48cm

한편 낭트 칙령이 폐지됨 (Revocation of Edict of Nantes, 1685년)에 따라 바로크 스타일이 북부로 빠르게 전파되었다. 종교의 자유를 인정해 주었던 낭트 칙령이 폐지되자 수만 명의 프랑스 위그노Huguenot(개신교도) 장인들이 북유럽과 영국으로 한꺼번에 망명했으며, 이들에 의해 프랑스의 최신 유행과 제작 기법이 새로운 망명지에서 뿌리내리게 된 것이다. 예컨대 이 시대 영국이나 네덜란드의 은제품에서 볼 수 있는 '컷 카드cut-card' 장식은 모티브를 종이처럼 잘라 붙이는 기법인데, 망명 온 위그노 장인들이 널리 전파한 것이다.

찰스 2세 시대 캐비닛과 받침.
은 도금 스탠드에 블랙 앤드 골드 재패닝 캐비닛.
영국. 1685년 무렵.
199x117x62cm

바로크 스타일의 최고 모델은 프랑스의 루이 14세와 베르사이유 궁전이었다. 정원 디자인에서 실내 장식에 이르기까지 이 시대의 유럽 궁전은 베르사이유를 닮지 않은 것이 없었다. 절대 왕권의 표상이었던 베르사이유를 치장하기 위해 1663년에 설립한 고블랭les Gobelins(Manufacture royale des meubles de la Couronne; 왕립 공방)에는 나라 안의 장인은 물론이고 이탈리아를 비롯하여 유럽의 탁월한 장인들까

찰스 2세 시대의 포린져(손잡이가 양쪽에 달린 그릇).
은에 컷 카드 장식.
존 노이John Noye 제작
런던. 1672년.
10cm, 15oz

루이 14세 시대 캐비닛. 흑단, 마케트리, 상아 상감.
피에르 골Pierre Gole의 제작 양식과 유사함.
17세기 후반.
70x139x49cm

스타일을 말하다 43

지 위촉되었다. 여기에서 활동한 이들을 포함하여 당대 최고의 디자이너였던 장 르 포트르Jean Le Pautre(1618-82)와 장 베랭Jean Bérain(1637-1711)의 디자인도 판화의 형태로 온 유럽으로 퍼져 나갔다. 17세기 네덜란드 정물화 또한 다른 장르에 깊은 영향을 주었다. 암스테르담을 중심으로 제작된 마케트리 캐비닛은 이 시대 정물화를 본떠 만든 것이다. 마케트리는 여러 겹의 무늬목을 써서 상감 기법과 비슷한 방식으로 화려한 문양을 내는 기법이다.

시들어 가는 꽃과 벌레 먹은 과일을 주제로 그린 이 시대의 정물화는 모든 것은 영원하지 않다는 인생의 교훈을 일깨운다. 이러한 생각이 바탕이 되어 캐비닛의 꽃무늬 마케트리 문짝도 그저 장식으로만 그치지 않고 많은 이야기를 담고 있다.

정물화. 아브라함 미뇽Abraham Mignon(1640-79) 작. 캔버스에 유채. 48x35cm

드라마 또는 환타지로 요약할 수 있는 바로크는 1620년 무렵 이탈리아에서 시작되어 1670년대와 1680년대에 유럽을 이끄는 주요 스타일이 되었다. 그러나 카리스마 넘치는 바로크는 절대 왕권의 쇠퇴와 함께 그 화려한 막을 내린다. 바로크의 장중함과 엄격한 대칭은 18세기에 이르면서 차츰 무거운 틀을 깨고 좀더 자유롭고 가벼워지는 경향을 보인다.

로코코 스타일
Rococo Style, 1720-1760

　　로코코는 여자 그 자체다. 여자의 몸은 볼록한 가슴과 잘록한 허리를 위시하여 어느 곳에서도 직선이란 찾아볼 수 없다. 그래서 여자는 자연을 닮았다. 자연처럼 변화무쌍하고 감성적이다. 18세기 중반에는 궁정의 딱딱한 법도와 의식에 어울리는 바로크 스타일에서 벗어나 자유분방하고 유희적이며 목가적인 스타일이 탄생한다. 건축, 회화, 조각의 영향을 받은 다른 스타일과는 달리 로코코 스타일은 장식 미술 분야에서 먼저 나타났으며 프랑스의 레장스 시대 la Regence(1715-23)를 거쳐 1730년 무렵부터 본격화되었다. 레장스 스타일은 바로크와 로코코의 과도기 단계로서 영국의 퀸 앤 Queen Anne 시대와 맞물리는 스타일이다. 바로크 스타일보다 한층 가벼워진 형태로 18세기 초반을 이끌었다. 프랑스에서는 원산지다운 세련된 면모를 보였고, 독일과 이탈리아에서는 더러 과장되거나 격렬했으며, 영국에서는 이것을 '마늘족'(마늘을 즐겨 먹는 프랑스인을 지칭함) 스타일이라고 비하하며 다소 냉담한 반응을 보였다.

'로코코'라는 말은 '로카이유rocaille'에서 유래한 것으로, 지하 인공 동굴인 그로토grotto에서 볼 수 있는 바위, 물, 조개, 이끼와 같은 것들을 총체적으로 표현하는 말이다.

'그로테스크grotesque'라는 말도 여기에서 유래했는데 특이하게도 로카이유는 음습한 그로토의 이미지와는 달리 밝고 경쾌하였다. 곧, 흘러내리는 물과 돌고래, 나뭇가지 사이로 피어난 꽃, 과일 바구니 등이 형상화된 로카이유와 이것에서 탄생한 로코코는 자연에 뿌리를 둔 생명력 넘치는 스타일이었다. 이러한 모티브는 가구에서는 킹우드, 튤립우드, 아마란쓰와 같은 무늬목으로 마케트리 되거나 의자 프레임에도 부분적으로 섬세하게 조각되었다. 여자들의 옷이나 패브릭fabric에도 흩뿌린 꽃이 주요 모티브로 등장한다. 이 밖에도 그로테스크 디자인에서도 드러나듯 기이한 동물이 자주 나오는데 특히 원숭이와 같은 유희적인 요소가 가미되기도 했다.

알파벳 'C'나 'S'자에 비유되는 곡선은 로코코 스타일의 가장 큰 특징이다. 가구의 형태 자체도 이러한 곡선과 닮았을 뿐만 아니라 두 곡선이 자유롭게 만나 윤곽선을 이루기도 한다.

구불구불 자유자재로 꺾이는 '뱀 선(serpentine line)'하며 불룩하게 튀어나온 '봄베bombé' 형태는 가구의 형태로 볼 때 지나치다 싶을 만큼 과감하다.

보볼리 정원의 그로토.
베르나르도 부온탈렌티
Bernardo Buontalenti
디자인. 이탈리아 피렌체.

조지 3세 시대 거울.
조각한 나무에 부분 칠,
부분 도금.
거울 프레임의
형태가 영문자 'C' 또는
'S'를 닮았다.
영국. 1760년 무렵.
183x107cm

봄베 형태의 월넛 코모드.
에보니 칠.
이탈리아 롬바르디아 지역.
18세기 중반.
81x110x55cm

형태 못지않게 장식 또한 곡선 일변도다. 시작점과 끝점이 모두 하나의 선으로 연결된 듯 곡선의 행렬은 거침이 없다. 앞쪽만을 집중적으로 치장하던 바로크와는 달리 로코코의 흐르는 선은 보는 이의 시선을 여러 각도로 유도한다. 그와 더불어 장식도 전체적으로 이루어져 있다. 흐르는 듯 미끄러지는 선을 따라가면 '오물루ormulu(금 도금된 동)' 장식은 어느 새 손잡이로 마감된다.

루이 15세 시대
중국 칠기 코모드.
자크 뒤부아
Jacques Dubois의 마크
'J.DUBOIS' 있음.
코모드 전면의 구불구불한
오물루 장식은 장식 효과가
뛰어난 동시에 손잡이의
역할도 하고 있어
로코코만의 독창적인
디자인을 엿볼 수 있다.
18세기 중반.
85x97x56cm

이처럼 마치 살아 움직이는 듯한 곡선은 뒤에 나오는 아르누보 스타일의 효시라고도 볼 수 있다. 테이블과 의자 다리도 미끈하게 빠진 곡선의 캐브리올 cabriole(탁자나 의자의 구부러진 다리)이 주된 형태다. 이처럼 자유롭게 움직이는 로코코의 선은 오물루로 그 진가를 발휘한다. 오물루는 동을 주조하여 금도금을 한 것을 말하는데 가구의 손잡이나 모서리, 도자기의 주둥이나 받침, 촛대, 시계 프레임 따위에 다양하게 쓰였다.

오물루의 곡선에서 볼 수 있듯이 로코코의 곡선은 비대칭이다. 마이소니에 Juste-Aurèle Meissonier(1695-1750)의 디자인과 은제품은 로코코 스타일의 전형적인 예다.

왼쪽
브론즈 잉크병과 오물루 받침.
마이소니에 작.
18세기 중반.

오른쪽
판화.
마이소니에의 로카이유 분수.

반듯한 선이라고는 찾아볼 수 없지만 비대칭 선에는 자신감과 여유가 넘친다. 때로는 그릇의 형태만 봐도 거기에 담기는 음식의 재료를 알 수 있다. 예컨대 새우, 게, 조개, 그리고 야채가 사실적으로 묘사된 것은 이를 이용해 만든 수프를 담기 위함이다. 또한 나뭇잎 형태의 용기에 나뭇가지 모양의 받침처럼 자연에서 형태를 빌려온 것이 많다. 이 시대에는 중국 차와 커피를 마시는 것이 일상화되어서 은 주전자와 차 보관함(캐디), 그리고 도자기 찻잔과 같은 중요한 생활 용품은 자연주의적인 로코코 스타일로 만들었다.

차와 함께 서양에 들어온 또 하나의 동양 명물은 칠기 가구였다. 바로크 시대부터 시작된 시누아즈리의 유행은 로코코 시대에 이르러 큰 열풍을 일으켰다. 중국의 칠기 가구를 자르고 이어 붙여 새로운 가구를 만들거나 이를 모방하여 칠한 가구들이 여러 나라에서 제작되었다(47쪽 아래 그림 참조). 이탈리아에서는 곤돌라를 칠하는 것과 같은 방식으로 중국 칠기 가구를 모방한 기법인 '라카 lacca'를 개발했으며 이것은 경쾌한 선만큼이나 빛깔 또한 밝았다.

영국의 '재패닝Japaning'이나 마르탱 형제가 개발한 프랑스의 '베르니 마르탱Verni Martin'도 모두 동양의 옻칠을 모방한 서양의 칠 기법이다. 동양의 색을 그대로 딴 검정과 빨강은 물론이거니와, 그에 더하여 프랑스와 이탈리아에서는 파스텔 계열의 밝은 색이 선호되었다. 파랑, 노랑, 흰색, 연보라와 같은 색을 칠한 가구들은 화이트 앤드 골드로 마감한 실내 벽 장식에 화사함을 더했다.

로코코 시대의 아기 침대.
다색 라카.
이탈리아 베니스.
1750년 무렵.
94x132x61cm

영국의 로코코 스타일에는 자연 요소가 강한 로코코 양식에 중국풍의 정자나 중국 사람, 두루미를 닮은 국적 불명의 '호호새(ho-ho bird)' 같은 이국적인 요소가 접목되기도 한다(46쪽 아래 그림). 토마스 존슨Thomas Johnson을 비롯한 몇몇 디자이너의 작품에는 이솝 우화에 나오는 동물들도 있어 유쾌하고 흥미롭다. 서양 사람들의 동양에 대한 동경과 상상으로 탄생된 시누아즈리는 로코코 스타일의 자유로움에 힘입어 더욱 독창적으로 디자인되었다. 문창살, 용, 정자 지붕 그리고 종과 같은 중국 문양이 로코코의 곡선과 결합되어 새로운 양식으로 재탄생한 것이다. 특히 영국은 프랑스의 로코코 스타일을 수용하는 데에는 인색했지만 고딕과 중국 스타일은 자유롭게 접목시켰다. 이 시대의 고딕은 중세에서 비롯된 정통 고딕Gothic이라기보다는 외양만 '고딕스럽게 닮은 것(Gothick)'이었다. 치펜데일Thomas Chippendale(1718-79)

조지3세 시대의
마호가니 의자.
이와 유사한
고딕 스타일의
의자 등받이 디자인은
치펜데일 책
『The Gentleman
and Cabinet-
Maker's Director』
1754년 초판에 있다.
영국. 1765년 무렵.

스타일을 말하다 49

같은 디자이너는 로코코에 고딕과 중국풍을 더하여 체계화시킨 디자인 책을 펴내기도 했다. 명나라의 의자 형태에 고딕 창문틀과 비슷한 등받이, 부분적으로 조각된 꽃과 잎은 치펜데일식 로코코였다.

이 시대는 유럽 자기의 태동기와 맞물린 때로 마이센Meissen을 비롯해 프랑스의 세브르Sévres 그리고 영국의 첼시Chelsea와 같은 자기들이 만들어졌다. 식기는 물론이고 테이블 세팅을 위한 자기 인형은 귀족들의 식탁을 더욱 우아하게 장식하였다. 이 시대의 이름난 자기 성형가인 부스텔리Franz Anton Bustelli(1723-63)를 비롯한 많은 도공의 손에서 마치 춤을 추다 멈춰 선 듯한 우아한 몸짓의 도자기 인형은 전성기를 맞이한다.

자기 인형의 소재로는 남녀가 사랑을 속삭이는 모습이나 이탈리아의 연극 "코미디아 델아르테commedia dell'arte"에 나오는 인물이 가장 많았다. 이러한 인형들은 주로 C 곡선으로 장식된 받침이나 꽃이 만개한 뒷판을 배경으로 지탱되었다.

자연과 사랑, 이 두 가지로 요약할 수 있는 로코코 스타일은 지나치게 유희적이라는 비판과 함께 고전주의의 열풍으로 차츰 시들어 갔다. 그러나 포르투갈과 스페인에서는 18세기 말까지 계속 유행하였고, 1820부터 1860년대에 다시 부활했다.

프랑켄탈Frankenthal 자기 인형.
이탈리아 희극에 등장하는 콜롬바인과 스카핀.
요한 빌헬름 란츠
Johann Wilhelm Lanz 제작.
바닥에 'PH' 마크.
1755-6년 무렵.
16.3cm, 15.2cm

신고전주의 스타일
Neo-classical Style, 1760-1800

　신고전주의 스타일은 지성미로 똘똘 뭉쳐 있다. 사람으로 치면 합리적이고 이성적이며 냉철하여 차갑게 느껴지기도 한다. 신고전주의의 잣대로 보면 로코코는 '참을 수 없는 존재의 가벼움'이었다. 곧, 진중함이라고는 찾아보기 어려운 로코코에 대한 반발심은, 사라졌던 고대 도시의 느닷없는 출현으로 인해 고전주의로의 회귀에 불을 붙였다. 허큘레니엄과 폼페이는 각각 1738년과 1748년에 그 모습을 드러냈다. 이 두 도시가 세상에 알려지자 발굴단을 비롯하여 유적지를 찾는 이들의 행렬이 끊이지 않았다. '그랜드 투어The Grand Tour'라는 일종의 '패키지 여행'이 귀족들 사이에서 성행하였다. 이 그랜드 투어는 가정 교사와 함께 파리와 알프스 산맥을 거쳐 마지막 목적지인 이탈리아까지 갔다 오는, 보통 삼 년 남짓 걸리는 장기 수학 여행이다. 이것은 단순한 관광 차원을 넘어 그리스와 로마를 통해 고전 문화를 몸소 배우고 익히는 이른바 '뿌리 찾기' 교육이었다. 발굴 유물을 자세히 그린 화집이 출판되었고, 그리스와 로마의 조각품이며 건물의 잔해, 벽화 따위는 새로운 디자인의 원천이 되었다.

이처럼 그리스의 맛이 물씬 풍기는 새로운 스타일을 1760년대 프랑스에서는 '구 그렉Goût Grec(그리스의 맛, 취향이라는 뜻)'이라고 불렀다. 구 그렉이 갑작스레 생겨난 것은 아니었다. 이것은 로코코와 구 그렉의 중간 단계인 '과도기적 스타일(transitional style)'을 거치면서 서서히 변화했다. 과도기적인 스타일은 용어에서 짐작할 수 있듯 두 스타일의 특성을 모두 지녔다. 일반적으로 형태는 로코코를, 장식과 세부적인 것들은 신고전주의 스타일을 따랐다.

과도기 시대의 코모드.
킹우드, 튤립우드,
시카모어 마케트리.
프랑수아 루베스튀크
François Rubestück 제작.

이후 '루이 16세 스타일'로 일컫는 프랑스의 신고전주의는 왕실의 세련됨과 우아함을 두루 갖추었다. 구불구불하던 로코코의 곡선은 단정한 직선으로 바뀌었다. 가구의 형태가 이러한 변화를 잘 보여준다. 테이블은 타원형, 코모드는 직사각형, 그리고 의자의 등받이는 정사각형이나 타원형으로 그 형태가 모두 기하학적으로 바뀌었고, 테이블과 의자의 다리는 가늘고 긴 직선이면서 아래로 내려갈수록 좁아지는 형태가 많았다.

조지 3세 시대
마호가니 암체어.
1780년 무렵.

이러한 형태의 가구는 프랑스에만 국한된

루이 16세 시대의
콘솔 테이블.
1770년 무렵.
91.4×134×54cm

것이 아니라 온 유럽에 두루 나타난다. 무늬목 패턴도 로코코 시대에 유행했던 꽃무늬 마케트리보다는 격자 무늬 또는 마름모꼴의 파케트리를 더 좋아하였다.

도자기와 은제품에는 고대 신전에서 사용했던 향로인 언urn의 형태가 가장 많이 쓰였다. 그 시절에는 고대 그리스와 로마의 유물을 가리켜 '앤틱'이라고 불렀는데 다양한 '앤틱 화병'이 그릇 디자인으로 각광받았다.

언 형태의 화병은 주로 고전 인물상을 단색으로 그려 넣거나 부조

네덜란드 코모드.
아마란쓰, 킹우드에
파케트리, 오물루 장식.
1780년 무렵.
83cm

조각으로 장식했는데 이것 또한 고대 벽화와 건축에서 그 원형을 찾을 수 있다. 하늘거리는 옷자락을 휘날리고 서 있거나 한쪽 가슴을 자연스럽게 드러내고 있는 고전 인물상은 사랑 놀음에 취한 로코코풍의 여자와는 달리 신화 속 주인공이거나 상징적인 인물이었다. 예컨대 지구본을 안고 있는 여

블루 재스퍼 웨어 화병.
일명 페가수스
화병이라고도 함.
웨지우드Wedgwood 제작.
1786년. 46cm

스타일을 말하다

자는 천문학을, 책을 옆구리에 낀 여자는 역사학을 의미한다. 이렇듯 신고전주의 시대의 작품에 묘사된 인물은 목가적, 전원적 주제를 담고 있는 로코코와는 매우 상반되었다.

루이 16세 시대 탁상 시계. 채색된 동과 오물루. 다이얼에 'LEPAUTE, HORLOGER DU ROI' 서명. 69x80x28.5cm

이 시대에는 고대의 대표적인 부조 조각인 카메오 기법도 자연스럽게 부활되었다. 카메오란 본디 여러 겹으로 이루어진 광물을 깎아서 만드는 것을 이르는데 로마 시대에는 유리로 만든 카메오 글라스가 발달했다. 카메오 디자인으로는 사람의 옆모습을 담은 '메달리온medallion'이 가장 많은데 이것은 황제의 옆얼굴을 묘사한 로마의 동전에서 유래했다. 조각 예술인 카메오는 18세기 후반에 이르러 여러 가지 방식으로 표현되었는데, 특히 웨지우드의 '포틀랜드 화병'은 도기이지만 로마 시대 카메오 유리의 느낌을 재현한 것으로 유명하다.

블랙 재스퍼 웨어 화병. 일명 포틀랜드 화병. 웨지우드 제작. 1793년. 25.4cm

이 밖에도 웨지우드의 다양한 그리스 스타일 도기는 영국 도자기 산업의 새 지평을 열었다. 웨지우드 도기판은 프랑스를 비롯하여 여러 나라에 수출되었고 이것을 붙인 가구는 한때 프랑스에서 불었던 영국 열풍인 '앵글로마니 Anglomanie' 현상을 일으키는 데에 한몫을 하기도 했다.

고전주의로의 복귀는 문양에서 가장 두드러졌다. 로마에서 발굴된 벽화에는 상징적인 의미를 지닌 것들과 상상 속의 동물들이 그려져 있었고, 이것들은 신고전주의 스타일의 실내 장식과 가구 그리고 장식품의 주요 모티브로 사용되었다.

루이 16세 시대의 실린더형 뷰로. 끌로드-샤를르 소니에 제작. 오크에 레몬우드와 아마란쓰 무늬목, 웨지우드 도자기판. 파리. 18세기 후반. 123x83x45cm

독수리의 머리와 날개, 그리고 사자의 발을 가진 그리핀griffin, 신전의 제물로 바쳤던 양 머리, 황소의 두개골인 부크래인bucrane 또는 부크라니움 bucranium 그리고 스핑크스spinx 등이 그 대표적인 예다.

조지 3세 시대의 돌 벽난로 프레임. 스핑크스, 하프 형태의 수금, 아칸서스, 그리고 부크래인 모티브 장식. 로버트 아담 디자인. 1790년 무렵. 149x198cm

신고전주의 스타일은 단순한 테두리 장식 하나에도 고전 건축의 장식 요소와 밀접한 관련이 있다. 꽃병을 장식하는 모티브로는 비딩beading(구슬 장식)이 가장 많았다. 그뿐만 아니라 '물결 문양'이라고도 불리는 비트루비안 스크롤

비드 장식이 들어간 은 주전자.

물결 문양의 비트루비안 스크롤(위)과, 꽈배기 모양의 기요쉬(아래).

고대 건축 몰딩에서 유래한 모티브들. 팔메트(왼쪽)와 안티미온(오른쪽).

Vitruvian scroll, 꽈배기처럼 생긴 기요쉬guilloch, 부채 같은 팔메트 palmette, 그리고 안티미온anthemion 등은 모두 그리스와 로마의 건축 몰딩에서 유래한 모티브다.

이 모티브들은 일종의 띠 장식으로서 단순하고 반복적인 장식 요소로 사용되었다. 장식이 형태에 구애받지 않고 오히려 형태를 지배했던 로코코와는 달리, 신고전주의 장식의 모티브는 작품의 형태미를 살리기 위해서 윤곽선을 강조하는 역할을 하며 단순한 장식 요소로서의 영역에 머물렀다.

프랑스의 신고전주의 스타일, 곧 '루이 16세 스타일'은 이탈리아와 독일, 스페인, 포르투갈 그리고 북유럽에 큰 영향을 미쳤다. 영국의 신고전주의는 외형은 프랑스 신고전주의와 비슷하지만 고전주의를 좀더 자유롭게 해석했다. 특히 그랜드 투어를 직접 다녀온 건축가 로버트 아담Robert Adam의 디자인은 고전주의를 독창적으로 해석하였기 때문에 '전형적인 신고전주의'라고 부르기에 손색이 없다. 아담의 디자인에는 그로테스크 문양이 섬세하게 표현되었는데 이것은 언urn, 그리핀griffin, 허스크husk, 종꽃(bell-flower) 그리고 파테라patera 등과 함께 '아담 스타일Adam Style'을 이루는 홀마크였다.

 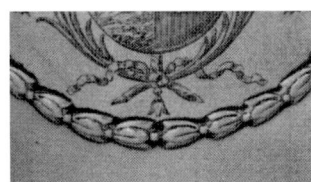 

왼쪽부터 그리핀, 허스크, 파테라.

이 모티브들은 실내를 장식할 때 핑크, 연보라, 연두색과 같은 파스텔 계통의 바탕색에 흰색 몰딩으로 사용되었는데 일부에서는 '웨딩케이크 장식' 같다는 비판도 있었다.

켄우드Kenwood의 서재 전경. 아담의 실내 장식 가운데 가장 대표적인 것으로 손꼽힌다.

용어도 생소한 고전 문양이 수도 없이 나오기 때문에 이를 알지 못하면 스타일의 특징을 파악하지 못한다는 점에서 신고전주의는 분명 지적인 스타일이다. 고전은 유행을 타지 않는 법이지만 이것을 새롭게 해석한 '신고전주의'는 지나치게 여러 모티브만을 나열하여 표면 장식에 치중한 탓인지 그리스, 로마와는 상당히 멀어진 새로운 스타일이 되었고 그로 말미암아 이내 한계에 부딪쳤다. 신고전주의의 한계와 더불어 진정한 고전주의로 접근하려는 노력이 새롭게 대두되었다.

리젠시와 엠파이어 스타일
Regency & Empire Style, 1810-1830

  리젠시 스타일은 학구적이다. 원리 원칙을 중시하고 탐구적인 자세를 지녔다. 그렇다고 해서 그것에 얽매이는 원리주의자는 아니다. '리젠시'라는 말은 뒤에 조지 4세가 되는 웨일즈의 왕자 조지(George, Princ of Wales)의 섭정기(1811-20)를 뜻하는데, 앤틱 역사에서 리젠시 스타일이란 조지 4세의 정식 통치 기간(1820-30)까지 아우른다. 이 시기는 또 프랑스의 나폴레옹 시대와 맞물리는데, 루이 14, 15, 16세를 거치면서 비대해진 왕권은 1789년 대혁명의 칼날 아래에 비로소 그 육중한 몸을 떨구고 말았다. 나폴레옹은 구체제의 냄새를 털어 내고 새 시대에 걸맞는 새로운 스타일이 필요했다. 그리하여 1804년 황제에 즉위한 나폴레옹의 위업을 고무하고 찬양하기 위한 새로운 스타일이 등장했으니 이른바 '엠파이어 스타일Empire Style'이 그것이다.

따라서 엠파이어 스타일에는 정치 선전의 요소가 짙게 배어 있다. 엠파이어 스타일이 변형되어 독일과 스칸디나비아에서는 그보다는 조금 더 소박한 '비더마이어 스타일Biedermeier Style'이 나타났는데, 이것은 엠파이어 스타일의 골격을 그대로 따르되 장식이 미니멀한 것이 특징이었다. 엠파이어와 리젠시 스타일 모두 신고전주의의 연장으로서 '후기 고전주의'라고 볼 수 있지만 리젠시 스타일은 엠파이어 스타일과 달리 정치적 상징성은 띠지 않았다.

프랑스의 엠파이어 스타일을 탄생시키는 데에 지대한 공헌을 한 이는 샤를르 페르시에Charles Percier와 피에르 프랑수아 퐁텐Pierre-François Fontaine이다. 이들은 고전적인 형태에 나폴레옹과 '코드가 맞는' 디자인을 선보임으로써 나폴레옹이 인정한 '공식 디자이너'나 다름없는 존재가 되었다. 나폴레옹의 이니셜 'N'을 모티브로 사용하거나, 그를 상징하는 벌, 제국의 표상인 독수리, 화살과 창, 나폴레옹 부인 조세핀의 상징인 백조, 승리의 월계관 그리고 풍요함을 의미하는 코누코피아 따위가 주요 모티브로 나온다.

엠파이어 마호가니
스크레태르secrétaire.
짙은 마호가니에
샛노랗고 얇은 오물루 장식은
엠파이어 스타일의
전형적인 형태다.
프랑스.
1815년 무렵.
142x98x49.5cm.

코누코피아.
풍요함의 상징으로서
나폴레옹 시대에
자주 나오는 모티브다.

실내 장식에서도 마치 군대의 막사를 떠올리게 하는 텐트형 캐노피가 유행했고 화살이나 무기 모양을 응용한 형태는 엠파이어 스타일의 '밀리터리 룩'을 강조한다. 이 밖에도 나폴레옹의 이집트 원정으로 인해 이집트풍이 크게 유행하기도 하였다.

이러한 모티브들이 엠파이어 스타일의 가구에서는 황금빛 계급장처럼 번쩍인다. 납작하게 찍어 낸 오몰루는 과거의 입체적이고 사치스런 것에 견주면 무척 단순한 편이다. 그러나 수은 도금법으로 제작되어 유난히 샛노랗게 빛나는 오몰루는 마호가니 같은 짙은 바탕 위에서 더없이 화려하게 돋보인다. 귀족들의 주문 생산으로 만들어진 과거의 독창적인 것과는 비교할 수 없지만, 경제성과 상업성을 고려한다면 최소의 비용으로 최대의 효과를 연출하였고 할 수 있다.

엠파이어 스타일의 청동 촛대 한 쌍. 파리. 1810년 무렵. 98cm

리젠시 스타일은 엠파이어 스타일과 외형적으로는 비슷하지만 좀더 고증적이고 학문적으로 고전주의에 접근했다는 점이 다르다. 이 시대에 '클리즈모스Klismos'의 의자가 부활된 것은 단순한 장식의 모방을 넘어선 예다. 뒷다리는 마치 긴 칼처럼 날렵하게 뻗어 있고 직사각형의 등받이는 등을 감싸듯 휘어져 있는데 호머에 따르면 이것은 고대 그리스 여신이 즐겨 쓴 것이라 한다 (아래 왼쪽 그림 참조).

이처럼 리젠시 스타일은 단순한 장식 모티브의 모방을 넘어서서 실제로 그리스, 로마 시대의 유물에 디자인의 근간을 두었다. 고전주의 디자인을 속속들이 파고든 대표적인 인물로는 토마스 호프Thomas Hope(1769-1831)를 꼽을 수 있다. 그의 디자인은 고대 로마의 조각품에서 형태를 모방한 것이 많다. 따라서 신고전주의의 가냘픔과는 상반되는 묵직한 덩어리 감이 느껴진

리젠시 스타일 식탁 의자. 로즈우드에 놋쇠 상감. 1820년 무렵.

다. 마치 대리석 조각을 나무나 유리, 은과 같은 소재로 대체한 듯한 형태를 지녔다. 폴 스토어Paul Storr(1771-1844)가 제작한 은제품은 마치 고대 대리석 조각품을 은으로 재현한 듯하다. 심지어 얇은 유리 제품마저 무겁고 두꺼워 다양한 커팅 기법으로 장식했다.

리젠시 스타일 은 촛대.
폴 스토어Paul Storr
공방에서 제작.
런던. 1808년.
70.5x 307oz

크리스탈 물병과 와인 병.
아일랜드.
1820년 무렵. 25cm

모티브도 주로 안티미온anthemion, 팔메트palmette 그리고 거드루닝 gadrooning(귓볼처럼 볼록한 것이 나열된 패턴)과 같은 고전적인 문양이 많은데 여러 가지 문양을 복잡하게 쓰기보다는 한 가지를 대담하게 사용하여 절제된 느낌을 준다.

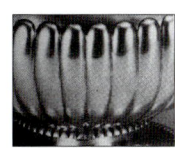

거드루닝.

리젠시 스타일 센터 테이블.
폴라드 오크 무늬목,
주목에 흑단 상감 장식.
영국. 1810년 무렵.
높이72cm, 둘레 137cm

리젠시 스타일 암체어.
페인트칠과 부분 도금,
흑단을 모방하여 검게 칠함.
1810년 무렵.
86x56x54.5cm

스타일을 말하다 61

갈기가 있는 숫사자의 머리는 손잡이의 형태로 가장 많이 쓰였고, 매끈한 암사자의 몸과 발이 한데 이어진 모노포디엄monopodium과 털이 무성하게 난 사자의 발도 이들 스타일과 친숙하다. 엠파이어 스타일이 오물루 장식을 선호한다면, 리젠시는 상감이나 페인팅 장식으로 마감된 것이 많다. 페인팅의 색은 주로 검정이었는데 도금한 금빛 장식과 함께 뚜렷한 색감의 대비를 보였다. 오물루는 영국의 가구에서 큰 비중을 차지한 적이 거의 없었다. 그 대신 놋쇠 상감 기법으로 평면 느낌이 강조되었다. 이것은 그리스 도기의 테두리에 또렷하게 그려진 문양을 연상시킨다.

리젠시 스타일의 로즈우드 사이드 캐비닛 한 쌍.
놋쇠 상감 장식.
1815년 무렵. 130x109x38cm.

세브르 도자기도 금 도금 장식이 압도적으로 많아 뽀얀 바탕을 자랑하던 18세기의 자기와는 사뭇 다르다. 접시는 마치 캔버스에 유화를 그리듯 에나멜 그림으로 채워졌고 테두리는 거의 예외 없이 금으로 도금하였다. 특히 비엔나와 베를린 자기는 사실적인 정물화를 그려 넣은 것으로 유명하다.

왼쪽
베를린 접시 두 개.
독수리와 KPM 마크.
1825년 무렵.
24.3cm(왼쪽),
24.6cm(오른쪽)

맨 오른쪽
세브르 도자기.
로열 블루 바탕색의 화병.
1810년 무렵.
71.5cm

    화병은 양쪽 손잡이가 아래쪽에 달린 캄파나campana 형태(64쪽 그림)가 인기가 좋았고, 차 주전자는 옆으로 퍼진 보트 형태의 것이 주류를 이루었다. 컵이나 받침은 모두 로마 시대의 그릇에 그 원형을 두었다. 나폴레옹의 영향권에 있던 독일과 오스트리아 지역의 도자기도 이와 비슷한 특성을 보인다.

    리젠시 스타일이 엠파이어와 구별되는 가장 큰 차이점은 이국적인 요소가 더해진 것이다. 특히 중국과 인도 그리고 이집트 스타일은 리젠시에 더해진 독특한 양념이었다. 웨일즈의 왕자 조지의 별장이었던 로열 파빌리온The Royal Pavillion은 이러한 특징을 단적으로 보여준다. 눈에 띄는 양파 형태의 돔 지붕은 이것이 인도의 무갈 양식으로 지어졌음을 말해 준다. 안에는 중국풍의 벽지와 격자 문양, 하늘을 나는 듯한 용 모양의 샹들리에, 그리고 이집트의 연꽃 무늬(lotus)가 조각된 기둥 따위가 자아내는 이국적인 분위기는 이 곳에서 열렸던 자유로운 연회 무드와 잘 맞아떨어진다.

    리젠시 스타일의 도자기 중에서는

로얄 파빌리온 내부의 연회실.

'이마리Imari' 스타일의, 화려하면서도 이국적인 정취가 풍기는 디자인이 크게 유행했다. 이마리는 본디 일본의 수출 자기인데 이것에서 영감을 얻어 빨강, 군청, 금색 들이 한데 어울린 이색적인 디자인이 탄생했다. 이처럼 고전적인 형태에 더해진 이국적인 색상과 문양이 리젠시 스타일만의 독특한 개성을 창출했다.

이마리 패턴 화병 한 쌍.
스포드Spode 사 제작.
19세기 초반. 21.2cm

엠파이어와 리젠시 스타일은 19세기 초반 이른바 '고전주의'라는 아버지에게서 태어난 '이복 형제'다. 서로 닮은 점도 있지만 다른 점 또한 많다. 그러나 이 두 스타일은 모두 19세기 중반에 이르면 산업화의 빠른 물살을 타고 어느덧 '대중화'라는 바다에 합류되어 특유의 고전미가 희석되면서 '준클래식(sub-classic)'과 같은 스타일로 변한다.

빅토리안 스타일
Victorian Style, 1837-1901

빅토리안 스타일은 도전적이다. 새로운 것을 시도하기에 미숙한 점도 많고 창작을 위해 여러 스타일을 마구 모방하기도 한다. 반 세기가 넘는 오랜 통치 기간 동안 팔랑개비처럼 돌고 도는 유행이 얼마나 자주 바뀌었을까. 그래서 '빅토리안 스타일'이란 아예 존재하지 않거나 이름을 알 수 없는 '묻지 마 스타일'일는지도 모른다. 역사는 이 시대를 산업화, 기계화의 시기로 규정짓는다.

도시 인구가 늘어나고 중산층이 두터워졌다. 예전에 볼 수 없던 새로운 소재와 기술로 신제품이 봇물처럼 쏟아졌다. '빅토리안 스타일'이란 말은, 영국의 빅토리아 여왕에서 그 이름이 유래했지만, 당시의 영국이 '해가 지지 않는 나라'라는 명성을 얻을 만큼 많은 식민지를 거느렸던 터라 그 영향이 단순히 통치 영역에만 국한된 것은 아니었다. 다시 말해 19세기의 다른 나라 앤틱도 '빅토리안 스타일'이라는 광범위한 용어로 통칭되는 것이 그런 예일 것이다. 이 시대에는 상업화의 진전이 전반적으로 품질 저하를 가져와 결과적으로 제품을 평가 절하시켰지만 반대로 탁월한 신기술이 탄생시킨 특이한 제품도 많았다. 특히 정기적으로 열린 박람회를 통해 신기술에 의한 새로운 제품을 속속 선보일 수 있었다.

퓨진에 의해 꾸며진 만국박람회장 안의 중세관. The Illustrated London News의 보도에 따르면 다른 전시관과는 달리 어둡고 경건한 분위기로 장식된 이 곳을 본 당시 참관객들은 마치 신전에 온 것 같은 경외감을 느꼈다 한다.

박람회는 그 시절 좀더 잘 살게 된 중산층에게는 커다란 구매의 장이었고 기업들에게는 산업 진흥의 마당이었다. 새로운 기술을 선보였고 화려한 가구와 소품이 관람객의 시선을 끌었다. 이 행사에 출품된 제품들이 바로 진정한 '빅토리안 스타일'을 보여주었다고 해도 과언이 아니다.

빅토리안 스타일의 특징은 크게 두 가지로 요약된다. '복고주의(Revivalism)'와 '복합주의(Eclecticism)'가 그것이다. '복고주의'란 과거의 스타일을 부활시킨 것으로서, 예전 같으면 귀족들의 전유물이었던 것들을 일반 대중이 따르고 모방하려는 데에서 나타난 현상이다. 프랑스에서는 루이 15세, 16세 스타일이 번갈아 가며 부활했고 과거에 유명했던 에베니스트(가구 제작자)의 작품이 그대로 재현되거나 두 스타일이 섞여서 나타나기도 했다.

마호가니 코모드 한 쌍.
오물루와 베르니 마르탱 기법.
롤랭 Raulin 제작.
파리. 1890년무렵.
112x119x50.5cm

영국에서 유행한 복고풍 가운데에는 '로코코 리바이벌Rococo Revival'이 폭넓게 인기를 끌었다. 로코코 리바이벌 양식은 로코코 디자인의 핵심이던 곡선을 충실히 따랐다. 그러나 18세기 중반과는 달리 '리바이벌'은 대체로 디자인과 표현 방식이 과장되었다. 나무를 휠 때에도 기계를 사용하면 손으로 작업할 때보다 훨씬 많이 구부릴 수 있고, 무엇보다도 화려한 장식성을 추구했기 때문에, 표현의 '오버 액션'은 불가피했다. 화려한 가구의 대명사로 일컬어지는 앙드레 샤를르 불André-Charles Boulle의 마케트리 기법이 이 시대에 붐을 탄 것도 우연이 아니다. 토토쉘(거북 등껍질) 바탕에 놋쇠 상감이 된 앙드레 샤를르 불의 탁월한 기법은, 기계를 이용하여 손쉽게 제작할 수 있었을 뿐만 아니라 장식적이고

앙드레 샤를르 불의
마케트리 기법으로 장식한 19세기의
콘솔 테이블. 오물루 장식.
17세기의 불Boulle이 직접 만든 것과
구별하기 위해 Buhl로 표기하기도 한다.
프랑스. 1870년 무렵.
111x158x56cm

화려하기 그지없어 빅토리아 시대 '신귀족'인 부유층에게서 크게 사랑받았다. 모티브의 표현 방식에서도, 꽃이나 잎이 살짝 더해지던 것과는 달리, 장미꽃이나 포도 같은 것이 매우 사실적이면서 대담하고 복잡하게 조각되었다. 이런 방식은 '자연주의 스타일'이라고도 불리며 로코코 리바이벌과 함께 자연스럽게 어우러졌다. 이것이 바로 여러 가지 스타일이 한데 얽힌 이른바 '복합주의'의 한 양상이다. 마케트리의 문양도 기계 커팅이 가능해지면서 더 복잡하고 섬세한 패턴으로 바뀌었다.

월넛 벽거울.
루이지 프룰리니 Luigi Frullini 제작.
이탈리아. 1870년 무렵.
220x125cm

나폴레옹 3세 시대의
마케트리 센터 테이블.
전專 크레머Cremer of Paris.
1850년 무렵.
80x140x85cm

테이블 상판.
68쪽 맨 아래의
센터 테이블 상판.

로코코 리바이벌 스타일은 도자기에서 그 화려함이 가장 돋보인다. 특히 18세기 자기의 대명사인 마이센Meissen과 세브르Sèvres 스타일이 대거 부활되는데 19세기의 마이센은 자기의 몸체에 입체적인 꽃과 인형 조각을 촘촘히 붙였을뿐더러 굽이치는 'C' 곡선을 마구 구사했다. 그리고 이전에는 볼 수 없었던 다양하고 화려한 색상과 금 도금까지 그 장식은 끝을 몰랐다.

마이센 촛대 한 쌍과 시계.
1880년 무렵.
촛대 38.5cm, 시계 39cm

'자연주의 스타일'과는 사뭇 다른 양상의 복고풍으로서 '고딕 스타일'을 들 수 있다. 고딕 스타일의 부활에는 새로 지은 국회의사당(1863)을 이 스타일로 디자인 한 퓨진A.W.N. Pugin(1812-52)의 역할이 컸다. 그는 러스킨과 같은 비평가의 지지를 얻었고 1851년 세계 최초로 열린 만국박람회의 중세 전시장을 담당하기도 했다. 그는 고딕 스타일에서 디자인 개혁의 실마리를 찾았다. 퓨진의 고딕 리바이벌 가구는 최대한 장식을 배제하고 형태미를 살린 것이 특징이다. 따라서 장식은 구조를 해치지 않는 범위에서 형태를 돋보이도록 사용되었다. 예컨대 테이블 다리의 모서리를 다듬어 다양한 선의 미를 살린다든지, 구

오크 리펙토리 테이블.
퓨진 디자인. 영국.
1840-41년 무렵.
73.7x122.6cm

조적으로 필요한 경첩을 더욱 강조하여 기능성과 장식성이 함께 돋보이도록 한다든지 한 것이 그 예다. 그러나 유행으로서의 '고딕 리바이벌 Gothic Revival'은 신고전주의 스타일과 마찬가지로 형태보다는 모티브를 빌렸기 때문에 퓨진의 철학적인 디자인과는 조금 차이가 있었다. 고딕 양식의 홀마크인 뾰족한 첨탑과 오지 아치ogee arch, 그리고 화려한 색유리 창문 틀인 트레이서리tracery 등은 의자 등받이, 테이블 다리 들에 자유롭게 응용되었으며 매우 장식적이다.

오크 서재용 책상.
제임스 슐브레드 사James
Shoolbred & Co. 제작.
1880년 무렵.
80x174x100cm

퓨진으로 말미암아 주목을 받게 된 고딕 리바이벌은 빅토리아 시대 중반기에 세돈J. P. Seddon, 톨버트B. J. Talbert 그리고 이스틀레이크Charles Lock Eastlake와 같은 이들에 의해 더욱 다양하고 상업적인 형태로 변모했다. 이들의 가구에는 중세 옷을 걸친 인물이 더러 그려져 있다. 이것은 당시 유행했던, 중세를 배경으로 한 낭만적인 소설의 영향으로 가구뿐만 아니라 도자기와 같은 소품에도 자주 나온다.

오지 아치.

트레이서리.

이러한 장식 경향은 '예술을 위한 예술(art for art's sake)'을 표방하는 미학주의의 하나로 일본 미술의 영향과 함께 1870년대부터 크게 유행하였다.

'르네상스 리바이벌Renaissance Revival' 역시 빅토리아 시대의 굵직한 트렌드였다. 곧, 르네상스 시대의 미술품이 정교하게 모방되거나 새롭게 해석되었다. 고전적인 조각을 그대로 모방한 브론즈 상이 유행하는가 하면 르네상스 시대에 전성기를 구가했던 이탈리아의 마욜리카가 새롭게 해석되어 '마졸리카majolica'라는 것이 탄생했다. 납유 유약을 바른 이 도기는 빅토리아 시대의 감각에 걸맞은 화려한 형태와 색상으로 변했다.

미학주의 스타일의 캐비닛. 새틴우드. 길로우 사Gillow of Lancaster 제작. 브루스 톨버트 디자인. 1877년 무렵.

16세기 북부 이탈리아의 디자인에 바탕을 둔 '르네상스 리바이벌'은 기둥과 박공(페디먼트) 같은 건축적인 요소가 모티브로서 자유자재로 섞여 있고, 그로테스크 디자인이 가미되었으며, 고전적인 인물상과 함께 덩굴 문양이 장식으로 많이 쓰였다. 부담스러울 만큼 크기가 크고 복잡한 장식이 더해진 이 가구들은 주로 박람회 출품용이었고, 실생활에서 쓰인 것들은 이러한 트렌드를 반영하되 더 단순한 형태의 것이었다.

민튼Mintons 마졸리카 화분.
MINTONS 새김 마크.
1876년 무렵. 27.2x49cm

한편, 터닝 기법의 기둥과 다리가 있는, 등받이가 높고 화려하게 조각된 하이백 체어high-back chair는 특별히 '엘리자벳 스타일'로 일컬어졌는데 이것 또한 넓게는 '르네상스 리바이벌'에 속한다.

르네상스 스타일 장식장.
흑단에 마케트리, 오물루 장식.
조지 트롤로프 앤드 선 George Trollope and Sons 제작.
1862년 런던 국제 박람회 출품작.
296x184x53cm

유럽의 스타일뿐만 아니라 일본, 인도 그리고 이슬람의 디자인도 새롭게 평가되었다. 특히 1862년의 런던 박람회에 일본 제품이 전시된 뒤부터, 빅토리아 시대의 떨어진 취향을 개선하려는 개혁적인 디자이너들에게 일본풍은 커다란 영감을 주었다. 가는 선으로 이루어져 간결하면서 여백이 많이 포함된, 이른바 '앵글로-재패니즈Anglo-Japanese' 가구와 대나무 디자인을 응용한 것 등에서 일본의 영향을 엿볼 수 있다. 그런가 하면 터키의 '이즈닉Iznik' 타일은 터키 블루, 코발트, 그리고 빨강색으로 이루어진 그 선명한 색상과 단순한 패턴이 특징인데 유리와 에나멜 금속 제품의 디자인에 큰 영향을 주었다.

금 도금된 동 화병 한 쌍.
클로와조네cloisonné
에나멜 장식.
바르베디엔느Barbedienne 제작.
파리. 1878년. 63.5cm

오른쪽 그림은 왼쪽 화병의 세부.

이처럼 빅토리안 스타일은 동, 서양의 과거와 현재를 넘나드는 스타일의 총집합이었다. 그러나 빅토리안 스타일의 지나친 장식성, 예전보다 외려 낮아진 품질과 대중의 취향 그리고 '과거 집착증'에 반발하여 한편에서는 새로운 디자인 개혁 운동이 일어나게 되었다.

아트 앤드 크라프트 스타일
Arts & Crafts Style, 1860-1910

아트 앤드 크라프트 스타일은 순수하다. 때 묻지 않은 시골 청년이나 순박한 처녀처럼 자연을 벗 삼아 살아가는 사람과 같다. 너무나 정직해서 속을 있는 그대로 다 내보일 때도 있다. 빅토리안 스타일을 복잡한 산업 도시에 비유한다면 아트 앤드 크라프트는 한적한 시골이 될 것이다. 그런데 이것은 '스타일'이라는 표현보다는 '운동'이라고 부르는 것이 더 옳다. 왜냐하면 '스타일'이란 있는 그대로의 자연스러운 현상에서 특징을 가려 내는 것이라면 '운동'이란 몇몇 리더를 중심으로 펼치는 움직임이기 때문이다. 산업화라는 이름 아래에서 마구잡이로 생산된 제품이 품질과 디자인의 질적 저하를 가져오자 그것을 참다 못해 일부 디자인 운동가들이 나섰다.

윌리엄 모리스William Morris(1834-96)가 이 운동의 선봉에 섰다. 그는 시인이자 사상가였고, 존 러스킨John Ruskin의 사회주의 이론의 영향을 받았다. 그는 또 이른바 '라파엘 전 학파'라고 일컫는 화가들과 친하게 지냈다. 이들은 모두 중세 예술의 순수함을 추구했으며 아트 앤드 크라프트 운동의 예술적 지지 기반이었다. 윌리엄 모리스는 '모리스 앤드 컴퍼니Morris & Co.'라는 회사를 세워 가구, 벽지, 패브릭, 스테인드 글라스, 그리고 타일에 이르기까지 모든 제품을 손으로 정성스럽게 만들었다.

암체어.
모리스 앤드 컴퍼니 제작.
나무에 에보니 칠.
오리지널 울 태피스트리.

격자 무늬 벽지.
윌리엄 모리스와
필립 웹Philip Webb의 디자인,
1862년에 처음으로 제작됨.

　그들이 주창한 디자인 개혁이란, 중세의 장인들이 그랬던 것처럼, 제품 하나하나에 만든 이의 정성과 노고가 깃들어야 한다는 것이었다. 그리고 그렇게 만든 제품을 많은 사람들이 널리 사용하여야 한다고 믿었다. 중세 장신의 정신을 이어받은 모리스의 패브릭과 벽지는 자연을 그 밑감으로 삼았다. 잎이나 새와 같은 모티브를 평면적으로 재구성한 디자인은 중세의 태피스트리를 연상하게 하는데 퓨진의 그것과도 맥을 같이 한다. 모리스는 이러한 디자인을 '인디고 블루'와 같은 선명한 색으로 표현하고 전통적인 천연 염색 기법을 고집하였다.

모리스의 영향을 받은 많은 이들이 저마다 수공예 분야에서 독특한 작품을 선보였다. 모리스를 비롯하여 개혁에 동참한 몇몇 사람들은 중세의 길드를 그대로 재현하기도 했다. 센추리 길드Century Guild, 길드 오브 핸디크라프트Guild of Handicrafts, 아트 워커스 길드Art Workers' Guild 등이 그것이다. 이곳은 중세 시대처럼 도제에서 장인이 될 때까지 오랜 세월 몸담고 생활하면서 일하는, 말하자면 교육과 생활 터전이 공존하는 곳이었다. 루소의 "자연으로 돌아가자"는 구호를 몸소 실천한 셈이었다. 길드 오브 핸디크라프트를 설립한 애쉬비Charles Robert Ashbee(1863-1942)의 은 제품은 전통적인 형태와 기법에 모던한 취향을 접목시켜서 독특한 분위기를 연출한다. 특히 그는 은에 블루, 그린, 브라운 등의 에나멜을 덧붙이거나 카보숑(커팅하지 않은 돌 또는 보석)을 박아 중세의 은세공품 느낌을 되살렸다.

윌리엄 모리스의 해머스미스 울 카페트. 1880년 무렵. 4.47x3.58m

코츠월드 지방에서는 짐슨Ernest Gimson과 반슬리Barnsley를 주축으로 하는 이른바 '코츠월드 학파(The Cotsworld School)'의 공방이 두드러졌다. 이들의 작품은 전통 소재인 오크, 물푸레나무, 느릅나무에 자개, 상아를 상감하거나 흑단, 호랑가시나무(holly) 같은 독특한 소재를 응용하여 개별적인 '디자이너 작품'을 탄생시켰다. 맥머도A. H. Mckmurdo, 보이지C. F. A. Voysey, 베일리 스콧M. H. Baillie Scott과 같은 이들은 말하자면 그 시대의 '유명 디자이너'였다.

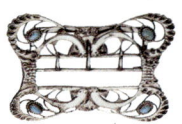

버클. 애쉬비 제작. 길드 오브 핸디크라프트. 1897년 무렵. 8.25cm

이들의 작품은 한결같이 소박하고 편안한 느낌을 준다. 정성으로 만들어진 작품이기에 결코 거칠거나 조악하지 않다. 복잡한 장식을 가미하지 않고 그 형태만으로도 장식적 효과가 충분히 발휘되었다. 윤곽선을 조심스럽게 따라가다 보면 곧게 뻗은 선은 마치 곡선인 듯 부드럽게 흐르고 그 끝은 독특하게 변형되어 결코 지루하지 않다. 눈을 즐겁게 하는 것이 장식의 본령이라면 형태의 변화만으로 장식의 몫까지 충분히 해낸 것이다.

도기 분야에서도 장인 정신이 발휘된 작품이 많고 저마다 제작자의 개성이 두드러졌다. 대량으로 생산된 것과는 달리 도공의 손길이 그대로 배어 있기 때문이다. 이 때의 대표적인 도공으로는 윌리엄 드 모건William De Morgan(1839-1917)이 있었다. 그는 페르시아 도기에서 영감을 얻어 타일을 비롯하여 히스파노 모레스크Hispano-Moresque 타입의 반짝거리는 러스터 유약으로 독특한 세계를 펼쳐 보였다.

오크 책상.
맥머도 제작.
1886년 무렵.

윌리엄 드 모건과 더불어 독특한 도자기 세계를 펼친 사람으로는 마틴 형제(Martin brothers)가 있다. 소금 유약과 스크라피토 테크닉(못으로 긁어 문양을 내는 기법)을 이용해 새와 그로테스크한 인물상을 익살스럽게 묘사한 이들의 작품은 유머와 재치가 넘친다.

개인의 '아트 도기' 말고도 상업적인 회사의 제품도 많이 나왔는데 이것도 마치 손으로 만든 듯한 인상을 풍긴다. 덜튼 사Doulton & Co.의 스톤웨어가 대표적인 예다. 주로 갈색, 녹색, 군청색 등 흙빛에 가까운 차분한 톤의 유약에 스크라피토 기법으로 새

윌리엄 드 모건의
'페르시안 스타일' 타일.
1898-1907년.

나 동물을 묘사했다.

　　소재의 선택도 소박하기 그지없다. 나무는 주변에서 구하기 쉬운 그 지방의 목재가, 그리고 금속은 서민적인 구리와 놋쇠가 은 못지않게 인기를 누렸다. 일단 소재가 선택되면 소재의 본질에 매우 충실한 제작 기법을 사용했다. 곧, 나무면 나무, 금속이면 금속 등 저마다 소재의 특성을 잘 살렸다. 예컨대 나무는 곧아서 억지로 휘게 할 수는 없고 늘 숨을 쉬면서 팽창과 수축이 이뤄진다는 점을 고려하여 수증기로 열을 쐬어서 기계로 휘기보다는 나뭇결이 살아 있는 원목을 톱으로 켜고 끌로 다듬었다. 또 이어지고 맞물리는 구조를 억지로 감추거나 장식으로 가리지 않고 자연스럽게 드러내 놓거나 그 자체를 장식으로 승화시켰다.

마틴 형제의 새 모양의 화병과 뚜껑. 목과 바닥에 'R. W. Martin and Brothers, London & Southall, 7.1890'이라고 새겨져 있음. 1890년 제작. 28cm

덜튼 사의 스톤웨어 화병. 하나 발로우Hannah Barlow와 엘리자 시먼스Eliza Simmance 제작. 장미 마크와 ENGLAND 그리고 제작자의 이니셜과 번호 각인되어 있음. 1895년 무렵. 50.3cm

오크 스핀들 암체어와 풋스툴. 구스타프 스티클리Gustav Stickley. 1905년 무렵. 97.8cm(암체어), 1907년 무렵. 38.2x50.6x40.5(풋스툴)

은이나 주물은 틀로 여러 개를 주조하는 방식보다는 잘랐을 때의 날카로운 느낌이나 망치로 두드렸을 때 생기는 독특한 질감을 그대로 살린 것이 많았다. 이처럼 소재 자체의 특성을 살리는 데에 주력하고 별도의 장식을 하지 않은 것이 이 스타일의 특징이다. 그러나 장식이 꼭 필요한 곳에는 기능성과 장식성을 최대한 함께 살려서 강조했다. 가구의 경첩이 그 좋은 예다. 몸체에 문짝을 다는 중요한 기능을 숨기지 않고 당당하게 드러내기 위해 주물과 같은 전통적인 소재를 달구고 두드려서 멋스럽게 사용하였다.

오크 회전 책장.
리버티 사 Liberty & Co.
제작. 1900년 무렵.
122x65cm

아트 앤드 크라프트 스타일은 장인 정신을 바탕으로 만들어진 공예품이기 때문에 공통점을 묶어 '스타일'이라고 이해하기보다는 제작자 개개인의 작품을 개별적으로 감상할 필요가 있다. '예술을 위한 예술'을 표방한 아트 앤드 크라프트 스타일의 수제품들은, 당시 대량 생산된 것들과 비교하면 상대적으로 고가였기 때문에, 좋은 디자인의 제품이 널리 사용되기를 열망한 그들 디자인 운동가들의 바람은 희망 사항에 불과했다. 겉모양은 비슷하되 좀더 싼 가격의 대량 생산품들이 차츰 시장을 점유하기 시작했기 때문이다. 그러나 아트 앤드 크라프트의 철학만큼은 유럽과 미국에 널리 퍼져 큰 반향을 불러일으켰다.

아르누보 스타일
Art Nouveau Style, 1880-1910

아르누보 스타일은 한마디로 신비롭다. 삶과 죽음이 한데 녹아 있는 오묘한 스타일이기 때문이다. 소녀처럼 또는 쑥쑥 자라는 꽃나무처럼 싱그러우면서 다른 한편으로는 아스라이 사라져 가는 죽음을 예견하는 듯해 애잔하기도 하다. 가구, 그릇, 액세서리 하나에도 이처럼 심오한 상징을 담고 있다면 '아르누보Art Nouveau'는 말 그대로 '새로운 예술'이 아닐 수 없다. 이것은 영국의 '아트 앤드 크라프트 운동'의 영향을 받아 벨기에에서 처음 시도되어 프랑스에서 꽃을 피웠다. 양식은 같지만 나라마다 부르는 이름은 저마다 달랐다. 아르누보 스타일의 제품이 런던의 리버티 백화점에서 주로 팔렸기 때문에 그 유명세를 이어서 이탈리아에서는 '리버티 스타일'로 통했고 독일은 젊고 새로운 스타일이라는 뜻의 '유겐트슈틸Jugendstil'로, 스코틀랜드에서는 유명한 디자이너를 배출한 학교인 글래스고우 학파(Glasgow school)의 이름을 따서 '글래스고우 스타일'로, 그리고 미국에서는 대표적인 디자이너인 티파니로 인해 '티파니 스타일'로 서로 달리 불렸다.

'아르누보'라는 말은 본디 빙 S. Bing이 경영한 파리의 숍 '라 메종 드 라르 누보 La Maison de l'Art Nouveau(새로운 예술의 집)'에서 유래했다. 1895년에 설립된 이 곳에서는 여러 디자이너의 작품이 전시, 판매되었는데 제품의 스타일이 새로웠지만 전통적인 양식에서 크게 벗어나지는 않았다. 엑토르 귀마르 Hector Guimard, 조르쥬 드 푀르 Georges de Feure, 그리고 외젠느 가이야르 Eugène Gaillard 들이 대표적인 작가다. 이들이 디자인한 가구를 살펴보면 기본 형태는 전통을 따랐지만 정형화된 꽃이나 나뭇가지 모티브를 유기적인 선으로 처리하여 새로운 느낌을 준다.

월넛 사이드 체어.
엑토르 귀마르 디자인.
릴에 있는 메종 콜리오의
식탁 의자용으로 디자인함.
1898-1900년 무렵.
97.8cm

아르누보 스타일의 가장 큰 특징 중의 하나는 물처럼 흐르는 듯한 곡선인데, 길게 뻗었다가 되돌아오는 곡선의 모양은 마치 마부가 휘두르는 채찍의 선과도 같다. 짧고 경쾌한 느낌의 로코코 곡선과는 분명히 다르다.

외젠느 가이야르가
디자인한 찬장.
1900년 무렵.
248x216x63.5cm

'파리 학파(The Paris School)'로 불리는 이들의 아르누보 스타일보다 한 단계 더 '새로운' 스타일은 '낭시 학파(The Nancy School)'의 작품에서 찾을 수 있다. 에밀 갈레Emile Gallé를 중심으로 한 이 학파는 생명의 근원인 자연을 고스란히 담고 있다. 특히 그의 유리 제품은 삶을 차분히 돌아보게 하기도 하면서 또 다른 한편으로는 염세주의가 배어 있다. 그래서 모티브도 해지는 저녁 풍경이나 시들어 가는 꽃과 잎사귀처럼 생성과 소멸을 되풀이하는 식물이 많다. 양귀비, 난초, 고사리 같은 양치 식물은 아르누보 스타일에 자주 나오는 모티브다. 또 잠자리처럼 삶의 여러 단계를 거쳐 완전한 성충이 되는 곤충도 자주 다루었다.

에밀 갈레의 램프. 1900년 무렵. 77.5cm

낭시 학파의 가구는 이국적인 무늬목을 이용한 마케트리marquetry 기법을 주로 사용하였다. 이들은 가구 한 쪽에 염세주의가 짙게 배어 있는 시 구절도 새겨 넣어서 '말하는 가구(talking furniture)'라고도 부른다.

에밀 갈레의 3단 테이블. 맨 위 상판에 'Gallé' 마크. 마케트리. 1900년무렵. 86.5x 70x 47cm

갈레와 함께 낭시 학파를 대표하는 사람으로 루이 마조렐Louis majorelle을 들 수 있는데, 그의 작품은 마치 진흙으로 빚은 듯 입체적이면서 곡선이 유연하다.

프랑스의 아르누보가 감성적이라면 벨기에의 아르누보는 이성적이다. 곧, 곡선이 흐르는 듯하다가 갑자기 꺾여서 각이 서기 때문에 마치 직선처럼 날카롭고 차갑게 느껴진다. 이러한 선은 빅토르 호르타Victor Horta와 반 데 벨데Henry

루이 마조렐의 '루나리아(monnaie du pape)' 캐비닛. 마카사르 흑단, 월넛에 연철 장식. 1900년 무렵. 172.2x96x44.5cm

Van de Velde의 가구에서 잘 드러난다.

아르누보의 곡선을 가장 잘 표현할 수 있는 소재로 도자기와 유리, 금속 공예품이 있다. 프랑스에서는 도기의 형태가 수선화나 박과 같은 자연을 닮고 아르누보 스타일답게 길게 늘어진 것이 많았다. 또 일본의 자기처럼 색상이 강렬하거나 금속성 느낌이 강하게 표면에 유약을 처리한 러스터 도기는 예술성이 뛰어나다. 네덜란드나 영국, 독일, 오스트리아와 같은 지역에서도 아트 앤드 크라프트의 전통을 이어받아서 러스터 도기와 자연을 주제로 한 도기를 많이 구웠다. '아트 도기'와 함께 '아트 유리'도 발전했다. 도기에서 다양한 유약으로 실험적인 작품을 선보였던 것과 마찬가지로 유리 제품도 표면 처리가 독특한 것이 많다. 특히 오스트리아의 요한 뢰츠비트베Johann Loetz-Witwe의 작품은 마치 기름이 유리 표면에 둥둥 떠 있는 듯한 느낌을 준다.

앙리 반 데 벨데의 암체어.
1898년. 98.75cm

뢰츠가 만든 화병.
오스트리아.
1902년 무렵. 23.25cm(왼쪽)
1901년 무렵. 14.25cm(오른쪽).

이처럼 금속 느낌을 내는 표면 처리는 미국의 티파니Louis Comfort Tiffany의 작품에서도 볼 수 있다. 티파니 공방은 화려한 색유리를 끼워 만든 스탠드로 크게 이름을 얻었다.

아르누보 모티브의 큰 두 산맥은 '자연'과 '여자' 이미지이다. 젊은 여자의 나체나 어린 소녀의 수줍은 표정을 담은 청동 조각상이 많고 이들은 대체로 에로틱한 느낌을 준다. 더러 성녀와 마녀의 이미지를 함께 담고 있는 여자 이미지는 섬뜩하기도 하다. 이 시대의 공연 포스터에 묘사된 여자들은 거의 모두 머리카락을 길게 휘날리며 중세풍의 하늘하늘한 옷자락

잠자리를 모티브로 한
청동 램프.
납유 유리, 터틀백 타일
모자이크와 브론즈.
티파니 공방. 램프 갓에
TIFFANY STUDIOS
NEW YORK 마크가
찍힌 꼬리표 있음.
미국. 1906년 무렵. 85cm

스타일을 말하다

을 드리운 채 고혹적인 자태를 하고 있다. 포스터의 위나 아래에 길게 늘여 쓴 글씨체도 아르누보 포스터만의 독특한 매력이다. 툴루즈 로트렉Henri Toulouse-Lautrec이나 알퐁스 무카Alphonse Mucha의 포스터는 상업 광고지를 넘어 예술품으로 자리잡았다. 그들 포스터에 그려진 여자들은 아름답고 요염하다 못해 남자를 치명적인 사랑으로 몰고 가는 요부, 곧, '팜므 파탈femme fatal'이다.

여자들의 이미지 변신은 여기에서 그치지 않는다. 여자와 곤충 그리고 식물이 오묘하게 합체된 형상은 신비함과 상징성을 담은 이미지로서 자주 나온다. 이러한 디자인을 바탕으로 보석에서는 퓨터(백랍)나 준보석, 에나멜 기법을 주로 사용했다. 특히 문스톤, 오팔, 터키석처럼 상대적으로 값이 싼 보석을 사용하였는데 보석 자체의 가치보다는 수공 기법의 탁월함이 돋보이는 것이 많다. 금속 제품 또한 퓨터를 이용하여 수공으로 만든 것이 유행했고 그 즈음 갓 발명된 전기를 이용한 램프도 여러 가지 디자인으로 나왔다.

르드루Ledru 청동 화병.
바닥에 제작자와
주조소 마크 있음.
1895년. 25cm

알퐁스 무카의 석판화,
'저녁의 몽상'과 '밤의 평온'.
1899년.
103.5x36.5cm(왼쪽),
103.75x38cm(오른쪽).

아르누보 스타일이 모두 곡선과 다양한 장식으로 일관된 것은 아니다. 스코틀랜드 지역의 '글래스고우 학파'의 작품과 오스트리아 비엔나의 '비에너 베르크슈테테Wiener Werkstätte' 공방에서 만든 것은 오히려 전형적인 아르누보와 정반대의 경향을 보였다. 글래스고우 학파의 대표적인 인물로는 찰스 레니 매킨토쉬Charles Rennie Mackintosh 가 있다. 수직 상승의 선이 독특한 매킨토쉬의 가구 디자인은 곡선으로 대변되는 아르누보 스타일과는 사뭇 다르지만 이미지를 추상적으로 표현한 점은 서로 같다.

찰스 레니 메킨토시가 만든 휴고 프리드리히 브뤼크만을 위한 캐비닛. 초록색으로 염색한 단풍나무. 동판 장식. 1898년. 236x 136x 58cm

시가 홀더와 재떨이를 포함한 담배 그릇 세트(1922년 무렵)와 루프 핸들 바구니 2점(1905년 무렵). 죠셉 호프만 작. 비에너 베르크슈테테 공방. 11.5cm(시가 홀더). 32cm(받침). 24.75cm(왼쪽 바구니). 25.5cm(오른쪽 바구니).

1903년에 설립된 비에너 베르크슈테테 공방을 대표하는 디자이너로는 호프만Josef Hoffmann과 모저Koloman Moser와 같은 이들이 있다. 그들의 작품도 매킨토쉬와 성향이 비슷했다. 주로 기계 공정을 거쳐 만들어진 이들의 작품은 곡선 대신 직선과 기하학적인 요소, 그리고 두드려서 평평하게 편 표면 처리로 매우 절제된 느낌을 준다.

에드워디언 스타일
Edwardian Style, 1901–1910

　에드워디언 스타일은 아르누보 스타일이 유럽 전역을 지배하던 때에 영국에서 유행한 스타일이다. 무거운 빅토리안 스타일에서 벗어나 한층 가볍고 경쾌하다. 아르누보가 당시에 아방가르드 곧 전위적인 스타일인 것과 달리 에드워디언은 보수적 성향을 띤다. 아르누보가 디자인과 제작 기법의 진보를 추구하였다면, 에드워디언 스타일은 과거에 유행했던 신고전주의 스타일이나 로코코 스타일을 당시의 인테리어 스타일에 맞게 변형시켰을 뿐이다.

이 시대 영국에서는 특히 18세기 후반의 신고전주의 스타일이 크게 부활하였다. 에드워디언 스타일은 선이 매우 가는 것이 큰 특징이다. 신고전주의 스타일을 이끌었던 로버트 아담Robert Adam, 셰러턴Thomas Sheraton 그리고 조지 헤플화이트George Hepplewhite의 디자인을 재해석하여 널리 응용하였다. 곧, 18세기 후반에 펴냈던 그들의 책을 재출간하는 것이 붐을 이루었고, 그리하여 그들 책이 에드워디언 스타일 디자인에 큰 영향을 미쳤다. 신고전주의를 바탕으로 정사각형, 타원형, 방패형과 같은 의자 디자인이 새로이 유행하였다. 등판이나 옆판에 부분적으로 바구니 짜임(케이닝caning) 기법을 사용하여 신고전주의 스타일보다는 가벼운 느낌을 주는 의자가 많았다.

에드워디언 시대의 새틴우드 베르제르 세트. 1890년 무렵.

사이드보드나 장식장, 그리고 테이블의 다리도 신고전주의 스타일처럼 가늘고 긴 직선이 많았다(199쪽 맨 아래 그림 참조). 이처럼 옅은 색의 목재에 고전적인 모티브로 장식한 가구를 '셰러턴 리바이벌 스타일'이라고 부른다. 신고전주의 스타일뿐만 아니라 18세기 중반에 유행한 로코코 스타일도 부활했다. 이 두 스타일의 부활을 묶어 '조지언 리바이벌'이라고도 한다. 로코코 스타일도

스타일을 말하다 87

18세기의 원형에 비해 부피가 많이 줄어 좀더 가벼운 경향을 보인다. 장식품을 많이 얹을 수 있도록 선반이 여러 개인 장식장이 눈에 많이 띄는데, 이 장식장들은 구조와 구조 사이에 공간이 많고 거미줄처럼 가는 곡선으로 이어져 전체적으로는 덩어리 감이 크게 줄었다. 화려하게 조각 장식된 마호가니 장식장은 치펜데일 스타일이 리바이벌된 것으로서 이 시대 중산층에서 널리 사용되었다.

색상도 빅토리아 시대에 유행한 짙은 색에서 벗어나 밝고 화사해졌다. 가구

마호가니 장식장.
치펜데일 리바이벌 스타일.
20세기 초반. 1.83m

소재는 마호가니가 여전히 주류이었지만 연노랑 빛이 도는 새틴우드 satinwood가 눈에 띄게 늘었다. 새틴우드는 마호가니의 일종으로서 나뭇결이 공단 결처럼 반짝거려 무늬목으로 하면 매우 아름답다. 이처럼 결이 고운 무늬목 위에 문양을 상감하거나 파스텔 색으로 그림을 그려 넣어 장식을 더했다.

문양은 신고전주의 시대의 아담의 디자인에서 따온 것이 많다. 타원형 안에 박쥐의 날개처럼 면이 분할된 파테라 patera(52쪽 아래 그림, 56쪽 맨 아래 오른쪽 그림 참조), 꽃을 엮어 늘어뜨린 꽃줄(스웩 swag 또는 페스툰 festoon이라고 함), 리본, 종꽃(bell flower)이 그 대표적인 모티브다. 그

에드워디언 시대의
마호가니 장식장.
상감 장식. 1910년 무렵.

에드워디언 시대의 새틴우드 반달형 코모드. 1910년 무렵. 83.5x86x41cm

왼쪽 코모드의 부분 세부.

림을 그려 넣을 때에는 아담이 즐겨 사용했던 파스텔 계열의 그린, 핑크, 옐로우, 블루와 같은 색으로 화사하게 표현하였다.

가늘고 긴 선은 가구에만 국한되지 않았다. 이 특징은 은 제품과 보석에서도 두드러졌다. 신고전주의 시대에 유행한 보트 형태의 수프 그릇도 다시 리바이벌되었는데 그러면서 전체적으로 볼륨이 얇아지고 손잡이도 길고 가늘어져서 날렵해 보인다. 보석에서는 여러 모티브 가운데 리본을 가장 즐겨 다루었다. 이것은 가구 모티브와 일맥상통한다. 가구에서처럼 여백을 많이 두어 그물(네트net) 같은 격자형 패턴도 자주 썼다.

밝은 실내 장식 분위기에 어울리는 섬세한 에드워디언 시대의 가구는 빅토리아 시대의 맥시멀리즘에서 탈피하여 미니멀리즘을 추구하는 모던 인테리어로의 전환을 예고하는 신호탄이었다.

에드워디언 시대의 시트린 카메오, 다이아몬드, 진주 목걸이. 1915년 무렵.

아르데코 스타일
Art Deco Style, 1918-1939

아르데코 스타일에는 재즈의 화려한 선율이 녹아 있다. '재즈 모던'이라고도 불린 이 스타일에서는 재즈처럼 선명한 템포와 강렬한 에너지가 느껴진다. 자연주의적인 모티브를 지향하는 아르누보와는 달리 기계적, 산업적인 형태의 디자인이 유행했다. 미국의 크라이슬러 빌딩, 영국 후버사의 전기 청소기, 독일의 바우하우스 제품은 아르데코 시대가 낳은 대표적 산물이다. 건축, 실내 장식, 생활 용품에 이르기까지 '편리함과 고급스러움'은 아르데코의 키워드가 되었고, 세련된 도시의 이미지와 잘 맞았다. '아르데코'라는 이름은 1925년 파리에서 열린 박람회인 "장식미술과 현대 산업 박람회(Exposition des Arts Décoratifs et Industriels Modernes)"에서 유래했다. 박람회에는 제1차 세계대전의 상처를 딛고 새로운 기계화 시대에 대한 희망을 담은 제품들이 출품되었다. 이 전시회는 파리가 여전히 '고급품 시장'의 중심임을 과시하였고, 독일의 바우하우스는 20세기의 진정한 '모던 운동'의 기수로서 실용성과 기능성을 강조한 디자인을 선보였다.

프랑스의 아르데코 스타일은 18세기의 원형을 단순화, 추상화시킨 디자인을 고급스러운 소재로 제작한 것이 특징이다. 자크 에밀 룰만Jacques-Emile Ruhlmann은 그 대표적인 디자이너로서, 앰보이나amboyna, 팔리상드르 palisandre(자단의 일종)와 같은 이국적인 무늬목에 상아를 상감하는 따위의 전통적인 수공 기법을 사용했다.

마호가니 캐비닛.
아이보리 상감.
자크 에밀 룰만 작.
1919년 무렵.
93x129x59.8cm

이 시대에는 또 마카사르 흑단과 상어 가죽, 그리고 라커(칠기)와 같은 이국적인 소재와 기법들도 애용되었다. 이들은 아르데코 스타일 고유의 미끈하고 세련된 형태미와 함께 독특한 매력을 풍긴다.

마카사르 흑단과
상어 가죽 타부레.
앙드레 그룰트André
Groult 제작.
1937년 무렵.
높이 40.8cm
직경 29.8cm

블랙 라커 테이블,
장 뒤낭Jean Dunand 제작,
1925년 무렵. 32.4x46.6cm

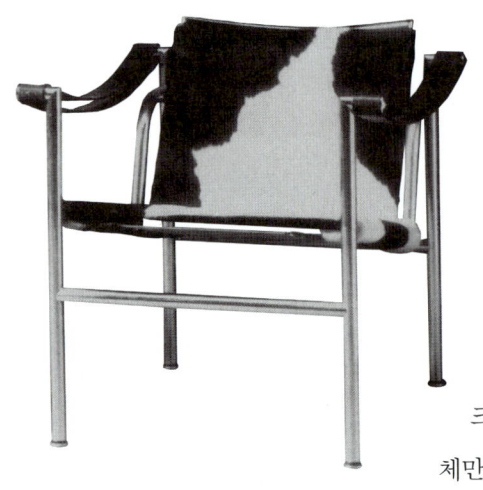

르 코르뷔지에, 샬롯 페리앙, 피에르 제네레 디자인의 암체어. 크롬 스틸, 소가죽, B301 일명 바스쿨랑Basculant 의자. 카시나Cassina 사 제작. 1928년 디자인.

르 코르뷔지에Le Corbusier와 같은 '모더니스트'들의 가구는 신소재를 이용한 대량 생산을 이룸으로써 가구의 새로운 지평을 열었다. 크롬, 스테인레스 스틸, 플라스틱, 집성재 들이 이 시대에 새로 나온 '신소재'이다. 특히 표면이 반짝거리는 크롬이나 스테인레스 튜브는 소재 자체만으로도 스타일리쉬하여 크게 각광받았다. 이처럼 소재와 제작 방식에서 전통적인 방법이나 진보적인 방법을 막론하고 아르데코 스타일은 매끈하고 세련된 디자인이 특징이다.

유리 제품 분야에서는 르네 랄리크René Lalique의 작품이 대표적인 것으로 손꼽힌다. 본디 아르누보 스타일의 보석 세공으로도 유명했던 그는 아르데코 스타일의 향수병을 비롯하여 화병과 식기에 이르기까지 다양한 제품을 디자인함으로써 큰 영향을 미쳤다.

랄리크의 제품은 모두 기계로 만들어졌지만 디자인이 뛰어나고 디테일의 완성도가 매우 높아 아르데코의 전형적인 특성들을 훌륭하게 함축하고 있다. 랄리크의 유리 제품은 맑고 투명한 유리에서부터 우유빛 유백광의 오묘한 색상을 띠는 것, 그리고 표면이 언듯한 느낌의 무광 유리에 이르기까지 매우 다양하다. 마치 문양을 깊게 커팅하거나 정교하게 새긴 것처럼 보이는 랄리크의 작품은 기계 제품이 '핸드 메이드'의 질에 미치지 못한다는 고정 관념을 깨뜨렸다. 이 밖에도 아르지-루소A. G. Argy-Rousseau와 낭시에 있는 돔Daum 공장은 프랑스 아르데코 유리를 대표할 만한 작품을 만들었다. 아르지-루소는 유리를 갈아 틀에 구워 내는 파트 드 베르pâte-de-ver 기법을 뛰어나게 구사했고, 돔 공장에서는 산에 담가 표면을 부

사과꽃 모양의 병마개가 있는 향수병. 랄리크 작. 1919년 이후. 14cm

식시켜서 울퉁불퉁한 질감을 낸 것이 독특하다.

그 밖에도 네덜란드와 독일 그리고 스칸디나비아 반도의 여러 나라에서 새로운 디자인이 속속 나왔다. 네덜란드에서는 몬드리안을 중심으로한 '데 스틸De Stijl' 운동의 영향을 받은 생활 용품이 유행했다. 이들 제품은 기하학적인 형태와 선, 그리고 삼원색과 흰색, 회색, 검정색의 기본 요소만으로 보편적인 미를 추구할 수 있다는 디자인 개념을 반영하였다. 게릿 리트펠트Gerrit Rietveld의 '빨강-파랑' 의자가 그 대표적인 작품이다. 독일에서는 바우하우스 출신의 디자이너들이 기능주의적인 디자인을 다양하게 선보였다. 마르셀 브로이어Marcel Breuer가 개발한 철제 튜브 의자인 '바실리Wassily' 의자는 대량으로 생산된 최초의 신소재 의자였다. 마르셀 브로이어는 이 밖에도 알루미늄을 이용한 의자도 선보였다.

아르지-루소의 파트 드 베르 화병. 1925년. 25.7cm

돔 공장에서 만든 2단 샹들리에. 1925년 무렵. 높이61cm, 직경39.4cm

미스 반 데어 로에Ludwig Mies Van der Rohe의 '바르셀로나Barcelona' 의자는 철제와 가죽을 이용하여 기능적인 디자인에 럭셔리한 느낌을 더했다. 독일의 디자이너들이 대체로 차가운 느낌의 철제 가구를 선호하는 동안, 핀란드의 건축가 알바 알토Alva Alto는 코팅된 합판을 즐겨 썼다. 그는 합판을 주로 휘어뜨려 사용했고 밝은 나무의 색상을 그대로 살리거나 때로는 따뜻한 원색을 칠하기도 했다.

마르셀 브로이어가 개발한 바실리 클럽 의자. 튜브 스틸과 캔버스. 'B3'. 1925년 디자인. 1927년 이후로는 Standard-Mobel사에서 제작. 76x77cm

아르데코의 문양으로 가장 선호된 것은 지그재그 선, 번개 문양, 부채꼴이나 원을 겹친 것, 태양 광선 같은 기하학적인 패턴이다. 꽃과 같이 자연적인 모티브를 사용할 때에도 이

스타일을 말하다 93

것을 정형화, 추상화하여 일정한 틀 안에 촘촘히 밀집시켜 놓곤 했는데 대체로 강한 에너지가 느껴진다.

또한 나선형의 고둥이나 양치 식물의 모티브도 자주 쓰였다. 동물 중에서는 사슴이 자주 나오는데, 바람의 저항을 최소화하여 속도를 높이는 비행기 몸체처럼 유선형을 강조하여 디자인하였다. 이러한 모티브들은 유리 제품, 도자기, 금속 제품, 보석 들에 두루 나타난다. 특히 바우하우스의 금속 제품을 포함한 아르데코 시대의 은 제품은 유선형의 디자인에 고광택의 표면으로 이 시대 산업 디자인의 대표적인 예로 손꼽힌다.

이집트와 아프리카풍의 이국적인 문양도 아르데코 스타일의 주요한 특징이다. 특히 아프리카 문양은 당시의 무용과 의상 디자인에 크게 영향을 미쳤다.

피카소와 같은 예술가들은 아프리카 가면에 심취했는가 하면, 흑인 무희 조세핀Josephine Baker은 아프리카 여자의 상징으로서 파리 연예계를 흥분시켰다. 조세핀은 깃털로 이루어진 짧은 치마를 입고 정열적인 무대를 연출하였는데, 조세핀을 비롯한 여자 무용수들의 다이내믹한 몸짓을 닮은 조각품도 크게 유행했다. 주로 청동과 아이보리를 함께 사용한 이 조각품들은, 마치 금과 상아로 만든 그리스 조각처럼 보여서 '금과 상아로 만든'이라는 뜻의 '크리젤레판틴chryselephantine'이라고 불렸다.

독일과 오스트리아의 청동 조각은 주로 젊고 아름다

수에 에 마르 Sue et Mare를 위한 폴 베라Paul Vera의 아르데코 시계.
폴 푸아송 Paul Poisson 제작. 1920-1925년 무렵. 40.5x56cm

튜린과 뚜껑.
은. 브라질산 로즈우드. 푸이포르카Jean E. Puiforcat 제작. 1935년 무렵. 너비 25.6cm

발레 뤼스Ballet Russe.
채색한 청동과 상아 인물상.
쉬파루스 Demetre H.Chiparus 제작. 바닥에 'D.H.Chiparus' 마크. 1920년대. 58.5cm

운 여자들의 춤, 스포츠, 여가 등의 일상 활동을 순간적으로 포착한 것이 많다. 색상은 자연색보다는 기계적이고 인위적인 색상을 선호하였다. 주황, 빨강, 검정, 파랑, 보라 등과 같은 강하고 대담한 색을 함께 사용하여 눈을 자극한다. 영국의 클래리스 클리프Clarice Cliff의 도자기는 빨강, 주황, 검정, 노랑 색으로 기하학적인 도안을 그려 넣었는데, 전통적인 형태에 새로운 활력을 불어넣었다는 평가를 받고 있다. 이와 같은 강렬한 색상 배합은 완전히 새로운 시도였다.

그런가 하면, 반면에 단순하고 기하학적인 도기의 형태만으로 '모던함'을 극명하게 보여준 예도 많다. 이처럼 아르데코는 다이내믹한 형태와 색상이 세부 장식보다 앞섰던 스타일이다.

클래리스 클리프의 도자기들.
물병, 접시, 티 세트 등.
1930년 무렵.

제3부
가구를 탐색하다

가구 어떻게 볼까

　가구는 그림이나 도자기와 달라서 작가의 이름이나 제작지를 표시하는 경우가 드물기 때문에 연대나 진위 여부를 알아내는 데에 상당한 감식안이 요구된다. 일반적으로 가구는 스타일이며 소재와 장식 기법, 구조 따위를 고려하여서 제작 연대를 추정한다. 요소들이 비슷비슷할지라도 진품과 모조품 사이에는 큰 차이가 있다. 음식으로 치자면 진품은 세월이라는 은근한 불에 뭉근히 익혀 특유의 깊고 부드러운 맛이 배어 있는 '슬로우 푸드'다. 그에 견주어 재현품인 '리프로덕션reproduction'은 겉보기에는 비슷하지만 진하고 깊은 맛이 결여된 인스턴트 식품과도 같다.

앤틱 가구는 무엇보다도 빛깔(colour)과 파티네이션patination이 가장 중요하다. 나무는 세월이 지날수록 원래의 색상보다 짙어진다. 마치 어린아이의 맑고 투명한 피부가 노인이 되면 거무스름하게 변하는 이치와 같다. 사람에게서 세월을 말해 주는 주름살과 검버섯은 가구로 치자면 '파티네이션'에 해당한다. 본디의 말은 '파티나patina'라고 하는 이것은 사람의 손때가 묻어서 생겨나는 것으로서, 오랜 세월을 거쳐 왁스와 기름칠의 더께로 인해 더욱 더 우아한 빛을 띠게 된다. 사람의 손때는 물론이고 잉크를 엎지른 자국이나 긁히고 찍힌 상처 따위가 모두 파티네이션에 해당된다. 곱게 늙으신 할머니의 자태에서 삶의 깊이가 우러나듯 1690년대의 오크 게이트렉 테이블과 1930년대의 테이블을 나란히 놓고 살펴보면 세월의 깊이와 멋을 쉽게 알 수 있다.

좋은 빛깔과 파티네이션의 예.
조지 3세 시대의
마호가니 화장대 상판.
1760년 무렵.

가구를 살펴볼 때에는 먼저 소재(material)를 파악해야 한다. 가구의 주 재료는 나무이므로 목재의 종류와 특성 그리고 그 나무가 주로 사용되던 시대를 알면 연대와 제작지를 유추하는 데 도움이 된다. 예컨대 오크(참나무)는 중세부터 17세기 후반까지 가구의 주 재료였다. 참나무는 쉽게 구할 수 있었을 뿐만 아니라 단단하고 실용적이었다. 그 뒤로 1735년쯤까지는 월넛(호두나무)의 시대다. 호두나무는 원목이나 무늬목으로 사용되었으며 참나무에 비해 무르기 때문에 섬세한 조각을 하기에 알맞았다. 1725년쯤에 프랑스가 월넛 수출을 전면 금지하면서부터 영국에서는 중앙 아메리카와 식민지에서 수입한 마호가니를 본격적으로 사용하기 시작하였다. 특히 나뭇결이 깃털과 같이 화려하고 붉은 빛을 띠며 윤기가 도는 쿠바산 마호가니는 당시 최상급의 목재로 여겼다. 마호가니는 오크처럼 단단하면서도 월넛 못지않게 조각하기가 수월해 가구 제작자들이 기술을 마음껏 펼칠 수 있는 소재였다. 또한 마호가니의 일종인 새틴우드satinwood는 그 이름마따나 나무의 결이 공단처럼 반짝이는 것이 특징이다. 새틴우드를 가구 목재로 사용하기 시작한 것은 1760년쯤부터이므로 새틴우드로 만든 가구는 이 시대 전의 것으로 보기는 어렵다. 검은 색의 무늬가 독특한 로즈우드rosewood는 주로 브라질과 인도에서 들여왔는데 보통 '장미목'이라고 부르지만 정확한 명칭은 '자단'이다. 장미목은 벌목할 때 장미 향기가 나는데, 19세기 초반의 가구에 많이 사용한 소재이다.

왼쪽부터 오크, 월넛, 마호가니, 로즈우드.

새틴우드.

가구의 구조(construction) 또한 시대에 따라 방식이 다르기 때문에 연대를 가늠할 수 있는 기준이 된다. 17세기 말까지 가구는 홈을 파서 끼운 뒤 나무못으로 고정시키는 '결합 구조'가 대부분이었다. 마치 음과 양이 만나듯 긴 장부촉을 반대쪽 홈에 끼워 결합시키는데 이것을 '장부 맞춤(mortise-and-tenon)' 이라고 한다.

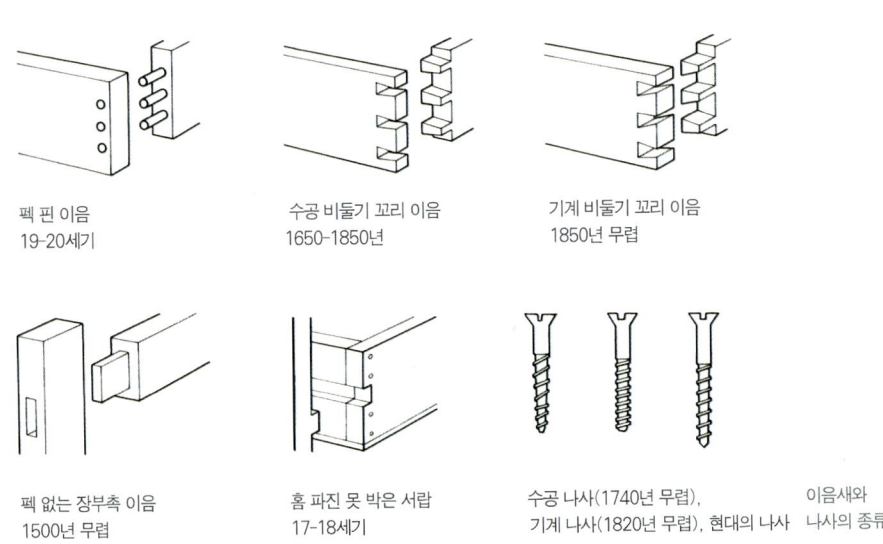

펙 핀 이음
19-20세기

수공 비둘기 꼬리 이음
1650-1850년

기계 비둘기 꼬리 이음
1850년 무렵

펙 없는 장부촉 이음
1500년 무렵

홈 파진 못 박은 서랍
17-18세기

수공 나사(1740년 무렵),
기계 나사(1820년 무렵), 현대의 나사

이음새와 나사의 종류.

이음새를 고정시키기 위해 나무못(peg)을 사용하는데, 모두 손으로 깎아서 만든 것이므로 형태와 크기가 조금씩 다르다. 표면에 드러난 나무못의 둥근 머리 또한 기계로 깎아 낸 것처럼 완전한 형태의 원이 아니라 울퉁불퉁하고 불규칙하다. 그리고 나무못으로 고정시킨 나무판은 오랜 세월을 거쳐 수축과 팽창을 거듭하면서 못 머리를 바깥으로 밀어 내기 때문에 손바닥으로 만져 보면 평면보다 조금 더 튀어나와 있다. 18세기 초반부터는 이러한 장부촉 이음보다는 주로 아교로 접합시키는 방식을 썼다. 나라마다 가구의 제작 방식이 다르기 때문에 가구의

루이 16세 시대 암체어의 부분 세부. 야콥G.Jacob 제작.

102 앤틱 가구 이야기

구조는 또 제작 지역을 판단하는 데에도 중요한 요소다. 18세기의 의자는 영국에서는 기본적으로 모든 프레임은 장부 맞춤을 한 뒤 동물성 아교로 접합시켰고, 시트의 네 모서리는 대각선으로 작은 막대기를 연결하여 힘을 받도록 했다. 반면에 같은 시대의 프랑스 의자는 나무못을 사용했기 때문에 별도의 대각선 막대기가 필요 없었다.

무엇보다 가구의 서랍은 구조를 들여다보기 좋은 부분으로서 많은 것을 말해준다. 특히 서랍의 옆면을 살펴보면 서랍 앞판에 붙여진 무늬목의 두께를 알 수 있다. 18세기의 가구는 19세기의 것

조지 2세 시대의 마호가니 사이드체어. 1770년 무렵.

보다 무늬목의 두께가 상대적으로 두껍다. 이는 두 사람이 통나무를 켜서 만들던 것이 후대에 이르러서는 기계로 얇게 잘랐기 때문이다. 또 서랍의 앞판과 옆판을 접합시키기 위해서는 '비둘기 꼬리dovetail' 구조를 사용했다. 18세기까지의 비둘기 꼬리는 간격은 일정하지만 모양이 조금씩 불규칙했다. 그러나 기계로 자른 19세기 이후의 것은 간격과 모양이 정확하게 일치한다. 비둘기 꼬리가 있는 부분을 중심으로 서랍 옆면을 살펴보면 바깥쪽 빛깔이 안쪽보다 더 짙고 반질거린다. 서랍을 여닫을 때 빛에 노출된 부분이 어떤 부분인지를 말해 주는 것으로서 오래 사용해 온 것만이 갖는 특징이다. 또한 서랍을 여닫을 때 서랍의 양쪽 면과 바닥 양쪽 끝도 몸체와 닿아 마찰이 생기므로 얼마나 오래 사용한 것인지 그 흔적으로 알아볼 수 있다. 손잡이가 달린 곳은 그 안쪽을 살펴 뚫린 구멍의 위치를 통해 손잡이의 교체 여부를 알 수 있다.

가구는 또 비율(proportion)로서 시대품인지 리바이벌인지, 또는 교체된 부분이 있는지의 여부를 판단할 수 있다. 18세기의 의자는 대체로 크기가 넉넉하였다. 하지만 같은 디자인의 20세기 초반의 리바이벌 작품은 오리지널에 비해 좁고 가늘어 시각적으로 안정감이 떨어진다.

삼발이 테이블의 경우에도 테이블 상판의 둘레에 비해 다리의 크기가 상대적으로 너무 크거나 작은 것은 뒤에 교체된 것으로 의심해 볼 수 있다. 또 여러 개의 부분이 한데 합쳐져 하나의 새로운 가구가 된 것은 비율이 잘 맞지 않는 경우가 많다. 이것은 서로 맞지 않는 부부의 결혼에 빗대어 "메리지 피스marriage piece"라고 표현한다. 결합품은 비율뿐만 아니라 소재나 빛깔, 그리고 파티네이션에 있어서도 부분마다 차이가 나기 때문에 나뭇결의 방향이나 빛깔 등이 전체적으로 일정한지를 살펴보아야 한다.

가구는 발이 가장 상하기 쉬운 곳이므로 발이 교체된 것이 많다. 발이 교체된 것이라면 전체적인 스타일과 맞는지 살펴본다. 이 밖에도 뒤에 새로 손을 대어 장식성을 높인 가구도 있다. 가장 흔한 예가 밋밋한 평면에 조각을 더하거나 그림을 새로 그려 넣은 것이다. 조각이든 그림이든 새로 더해진 장식은 모두 사용해서 닳은 흔적이 거의 없이 선명하다.

헤플화이트 스타일의 마호가니 식탁 의자. 1900년 무렵. 124쪽 두번째 그림과 비교.

가구의 주요 장식 기법

가구에 사용된 장식 기법이 그 시대의 스타일에 부합되는가 하는 점은 가구의 연대를 파악하는 데에 중요한 요소다. 중세부터 현대에 이르기까지 가구는 장식 기법이 발전을 거듭해 왔다. 원목에 조각을 하는 것, 무늬목을 붙인 것, 그리고 다른 소재를 상감하거나 덧붙이는 것 등 저마다 시대의 스타일에 맞는 장식 기법이 개발되었다.

무늬목은 붙이는 방식에 따라 여러 가지로 나 뉜다. 원목을 네 쪽으로 잘라 붙인 '네 쪽 무늬목 기법(Quarter veneering)'은 17세기 장식장의 문에서부터 19세기 테이블 상판에 이르기까지 널리 사용되었다. 또 나뭇가지의 단면을 굴 껍질 모양으로 겹쳐 붙인 '굴 껍질 무늬목 기법(Oyster veneering)'은 17세기 후반부터 18세기 중반에 걸쳐 테이블 윗판이나 서랍장, 캐비닛 등에 자주 쓰였다.

찰스 2세 시대의 직립형 책상. 코커스 나무를 이용한 굴 껍질 무늬목 기법. 코커스 나무는 일명 자마이카 흑단이라고도 부른다. 17세기 후반. 153x91x44cm

한편 좀더 화려한 문양을 내는 '마케트리marquetry' 기법은 이탈리아의 르네상스 시대에 처음 사용되어 프랑스를 거쳐 유럽에 전파되었는데 (43쪽 아래 그림 참조), 여러 가지 무늬목을 겹쳐서 문양을 그린 종이를 위에 붙인 뒤에 실톱으로 도안대로 오려서 분리하여 모자이크처럼 여러 조각을 조합하여 가구 몸체에 붙이는 기법이다. 이 때 부분적으로 조각을 염색하여 색상과

에스크리투와 책상. 해초 무늬 마케트리, 월넛. 18세기 초반.

마케트리 기법.

명암 따위를 조절했다. 주로 꽃이나 새, 풍경, 폐허 도시 등을 묘사한 디자인이 많은데 마치 그림을 그린 듯 정밀하다(195쪽 가운데 그림 참조). 또한 아라베스크처럼 가는 선을 자랑하는 해초 무늬 마케트리는 17세기 중반 네덜란드에서 처음 나왔고 위그노 장인들이 즐겨 사용하던 기법이다.

불 마케트리 기법. 토토쉘, 놋쇠, 흑단.

마케트리 기법은 무늬목 말고도 다양한 소재를 사용했다. 붉은 빛이 강한 거북 등껍질(토토쉘tortoise shell)에 놋쇠를 상감한 불 마케트리는 이를 완성한 프랑스의 가구 제작자 앙드레 샤를르 불André-Charles Boulle의 이름을 따서 '불 마케트리 boulle marquetry'라고 부른다. 흑단(에보니) 바탕에 토토쉘과 놋쇠 그리고 주석(퓨터)을 마케트리한 불의 기술은 프랑스 바로크 가구의 걸작을 탄생시켰고, 뒤에 19세기에 이르러 부활되기도 하였다(68쪽 맨 위 그림 참조).

마케트리와 제작 방식은 같지만 기하학적인 패턴을 구사한 것을 '파케트리 parquetry'라고 한다. 이것은 이탈리아 르네상스 시대의 바닥 장식에서 유래한 것으로서 특히 18세기 후반 프랑스 신고전주의 시대 가구에 많이 쓰였다.

복잡하고 화려한 문양의 마케트리나 파케트리는 모두 정교함을 요구하는 고난도의 기술이다. 넓은 면을 처리하는 무늬목 기법 말고도 좁은 가장자리를 마

파케트리 기법.

가구를 탐색하다 107

무리하는 방식으로 '크로스밴딩 cross-banding'과 '선 상감(stringing)' 기법이 있다. 크로스밴딩은 평면과 직각을 이루는 세로결의 무늬목을 띠처럼 이어 붙인 것

크로스밴딩과 선 상감.

을 말하고, 선 상감은 주로 나무나 놋쇠를 가느다랗게 심는 것을 말한다. 이 기법들은 가구의 형태를 강조하고 돋보이게 하는 동시에 장식적인 요소도 강하다. 주로 품격 높은 가구에서 볼 수 있다.

원목 위에 무늬목을 붙이는 베니어 기법과 대별되는 것으로 새로운 소재를 심는 것을 '상감(inlay)'이라고 한다. 상감은 흔히 나무 바탕에다 여러 가지 소재로 표현한다. 심는 소재에 따라 상아 상감, 놋쇠 상감 등으로 부른다. 한편 대리석에 준보석이나 대리석을 상감하는 기법도 있는데, '피에트레 듀레pietre dure'라고 부른다. 이탈리아의 피렌체 지역에서 발달된 기법으로서 마케트리 문양의 근간이 되었다.

무늬목을 입히는 것과 더불어 가구의 표면을 치장하는 대표적인 방식으로 금 도금

이탈리아
피에트레 듀레 판.
피렌체.
17세기 초. 134x70cm

(gilding)이 있다. 은 도금(silvering)도 더러 있지만 은은 쉽게 색이 변해서 금 도금이 더 일반적이었다. 금 도금을 하기 위해서는 먼저 나무 위에 석고를 바르고 세부를 조각한 뒤 붉은 색이나 노란색 계열의 염료를 바른다. 이것은 흰 석고 바탕을 가리는 역할을 한다. 그런 다음 물이나 기름을 바르고 금박을 안착시킨다. 이렇게 도금된 면은 반짝거리도록 광을 내기도 하고 광택을 일부러 없애서 매트하게 마무리하기도 하는데, 하나의 가구에서 이 두 가지 방식을 모두 사용하여 대조적인 질감을 살린 것도 있다. 이 기법은 이탈리아와 프랑스의 바

로크 시대 가구에 많이 사용되었다(151쪽 그림 참조).

한편, 동을 주조하여 도금한 것은 '오물루 ormulu'라고 한다. 가구의 모서리, 손잡이, 발 등 상처받기 쉬운 부분을 보호하는 기능적인 역할도 있지만 장식적인 효과도 크다.

오물루는 오로지 가구에만 사용된 것이 아니라 도자기 받침이나 보호용 테두리로도 많이 쓰였다. 프랑스에서는 오물루를 주조하는 이와 도금하는 이가 따로 구분되어 있을 만큼 전문적인 기술이었다. 오물루는 세부가 얼마나 정교하고 입체적인지가 품질의 관건이었다. 19세기에 이르면 오물루를 도장을 찍듯이 틀에서 찍어 내었기 때문에 훨씬 평면적이고 세부 선이 뚜렷하지 않다. 금 도금이나 오물루 모두 오랜 시간과 노력이 필요한 고도의 기술이다. 그러므로 이러한 기법도 가구를 볼 때 빠뜨리고 넘어가서는 안 될 부분이다.

가구 장식 기법 가운데 동양의 영향이 가장 강하게 드러나는 것으로 '재패닝 japanning' 기법을 꼽을 수 있다.

재패닝 기법은 중국의 칠기 가구를 모방한 것으로서 옻칠의 '비법'을 몰랐던 서양인들이 고안해 낸 방식으로서, 톱밥이나 고무로 입체감을 내어 문양을 붙이고 물감을 여러 겹 칠해 칠기와 비슷한 모양을 만들었다. 그러나 물감이 마르는 속도의 차이 때문에 칠과 칠 사이에 가는 금이 많이 생기기도 하고 칠이 떨어져 나간 부분에는 흰 석고가 드러나는 단점이 있었다. 재패닝 기법은 동양의 칠기 가구에 대한 수요를 충족시키기 위한 방편이

오물루 장식.

재패닝 기법.

기도 했고 귀족 부인네들의 취미 공예로도 각광받았다. 칠기 기법은 본디 중국에서 유래한 것임에도 불구하고 서양에서 오늘날까지 이 기법을 '재패닝'으로 부르는 것은 유럽 사람들이 단지 이국적인 수입품에 대한 관심만 높았을 뿐 원산지나 유래에 관해서는 무관심했기 때문이다. 당시에 중국, 일본, 인도를 뭉뚱그려 그저 '먼 동양(far east)'으로 불렸던 것도 동양에 대한 지리적 인식이 부족했음을 말해 준다. 게다가 일본이 다른 나라들에 비해 수출 상품에 대하여 상세한 설명을 첨부했기 때문에 '재패닝'이라는 용어가 정착되었으리라고 추측한다.

등받이, 다리, 발, 그리고 손잡이
디자인으로 본 가구 스타일

가구의 등받이와 다리의 형태는 가구 스타일의 변천을 한눈에 알 수 있는 중요한 요소다.

등받이는 일반적으로 높고 딱딱한 형태이던 것이 차츰차츰 낮고 편안한 형태로 변모하면서 발전하였다. 그러나 유명한 디자이너의 독특한 등받이 디자인은 시대의 변천과 관계 없이 오랫동안 리바이벌되고는 했다. 처음에는 등받이 소재로 나무판만 써서 딱딱했으나, 17세기에 이르러 케이닝caning 기법이 가미되어 웬만큼 안락함이 보완되었다. 케이닝은 일명 라탄rattan이라고도 하는데, 동아시아에서 나는 야자수 껍질을 엮어 만든 바구니 짜임 기법이다. 중국 명나라 때 처음 사용되었다고 알려져 있으며, 17세기에 말라야Malaya 지역의 것이 동인도회사를 통하여 유럽에 소개되었다. 폭신하고 부드러운, 패브릭으로 싼 등받이가 나온 것은 그보다 한참 뒤였다.

등받이는 특히 디자이너가 자기의 개성을 발휘하기 좋은 부분이어서 여러 디자이너들의 특성이 잘 드러난다.

의자 등받이 스타일

쟈코비언/찰스1세
1625

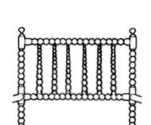
보빈 턴드
1650-1670

캐롤리언
1665-1685

윌리엄 앤드 메리
1695

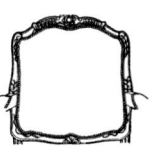
포퇴이유 아 라 렌
1730-1750

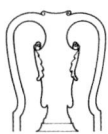
스플릿 백
1710-1740

윈저
1750-1850

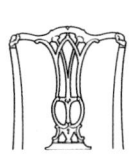
치펜데일
1750-1765

시누아즈리
1755-1765

루이 16세
1760-1785

조지 3세 사다리
1765-1800

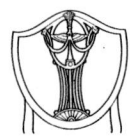
헤플화이트 방패
1780-1800

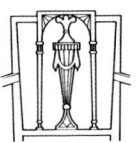
헤플화이트 언스플릿
1790-1800

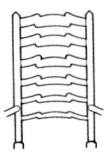
사다리
1790-1840

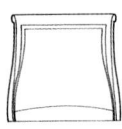
엠파이어 곤돌라
1800-1835

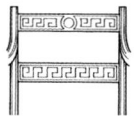
리젠시 그레시안
1800-1815

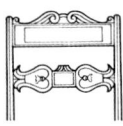
리젠시 타블렛
1805-1820

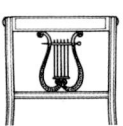
페더럴 라이어
1795-1820

고딕 리바이벌
1820-50

디쉬드 폴리엣
1820-1850

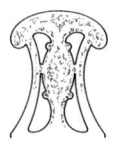
파피에 마쉐
1830-1860

프렌치 버튼 백
1830-1880

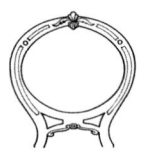
벌룬 백
1860

빅토리안 버튼 백
1860-1890

다리는 건축물의 기둥 형태에서 발전, 변형된 것이 많고 직선과 곡선의 형태를 되풀이하면서 유행에 따라 형태가 변화되었다. 17세기 후반에는 터닝 기법을 이용한 다양한 꼬임 형태의 다리가 유행했고 1730년쯤부터 유행한 로코코 스타일에는 곡선의 캐브리올cabriole 다리가 주를 이루었다. 신고전주의 스타일이 유행하던 18세기 후반에는 곧게 뻗은 직선 다리가 선호되었으며 플루팅 fluting(건축물 기둥 따위에 주로 쓰이던, 여러 줄의 홈을 수직으로 나란히 파는 기법)과 같은 고전적인 모티브가 가미되었다.

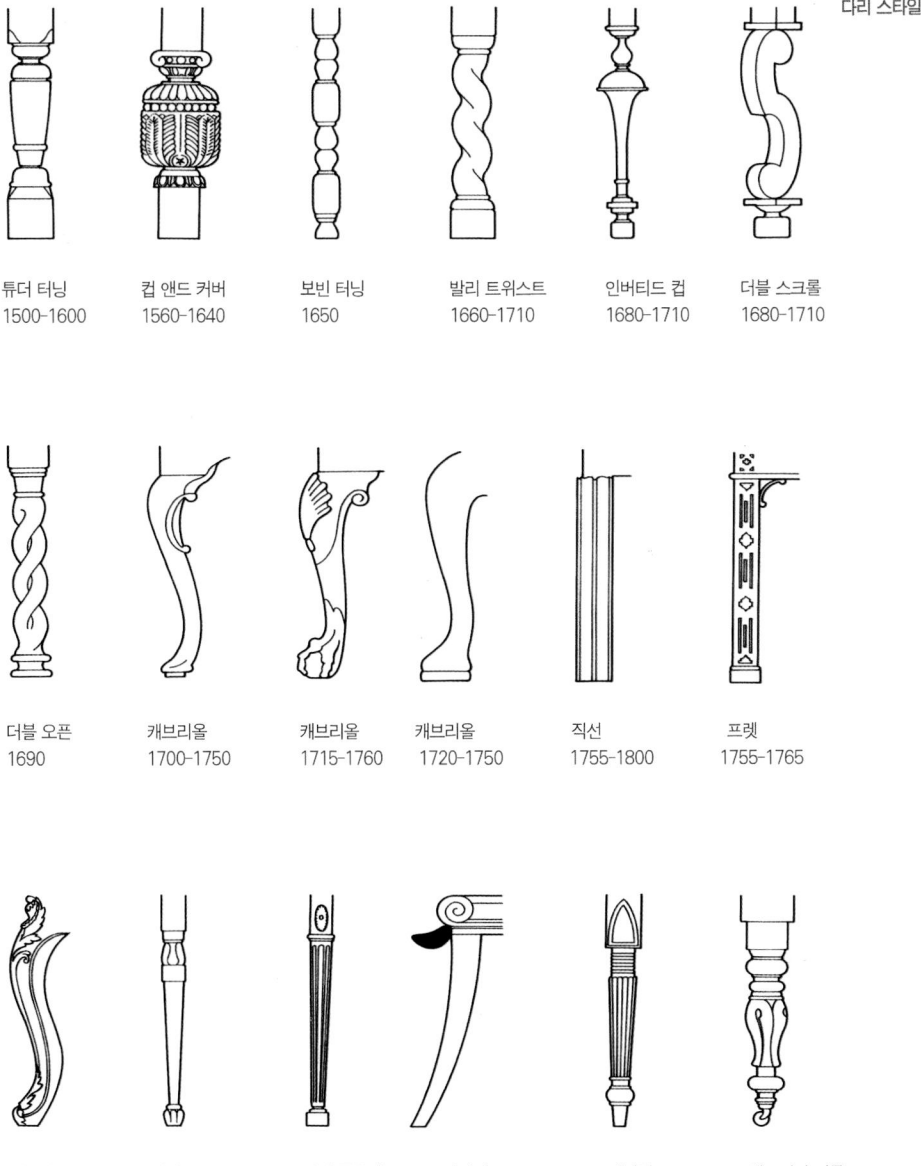

다리 스타일

발과 손잡이의 형태도 마치 옷에 신발과 액세서리를 맞추듯 시대별로 어울리는 디자인을 선보였다. 호빵 형태나 까치발 형태에서 동물의 발 형태에 이르기까지 다양했는데, 몸체나 다리와 잘 어울리는 형태로 마감되었고, 18세기 중반부터는 바퀴가 달린 것도 많았다. 바퀴는 주로 나무와 놋쇠로 만들었고 드물게 도자기로 된 것도 있었다. 17세기 영국 가구의 손잡이는 동양의 영향을 많이 받았는데 물방울이나 나비 형태의 것들이 이에 속한다. 이후 시대별 스타일에 맞는 손잡이가 다양하게 나왔다.

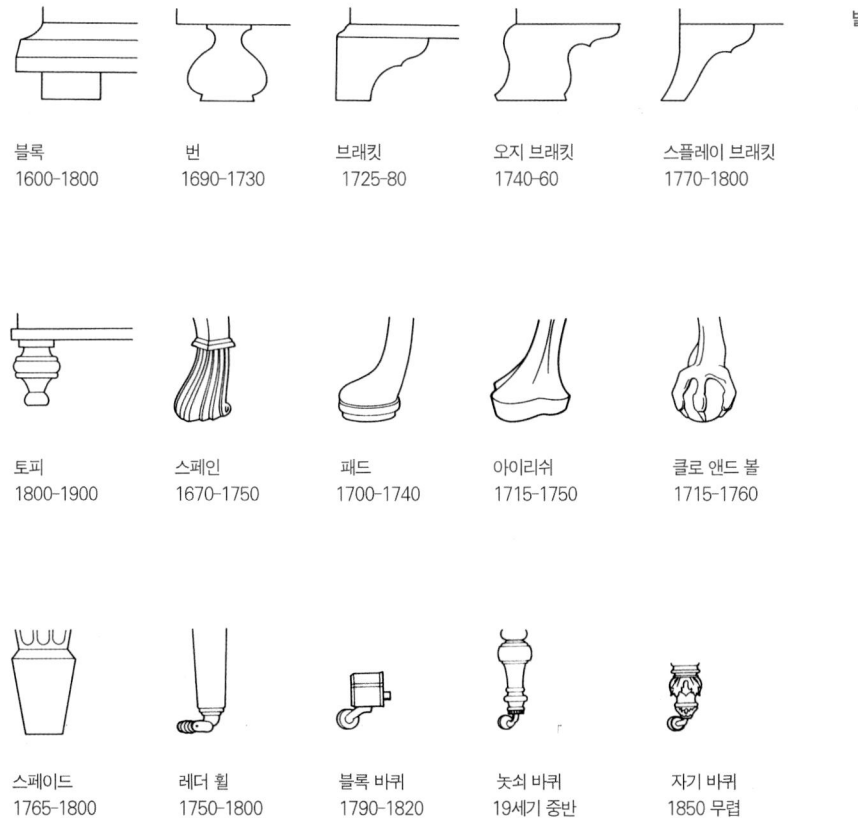

발 스타일

 손잡이 스타일

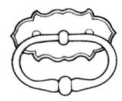    

솔리드 백플레이트 스플릿 테일   솔리드 백플레이트 치펜데일 로코코 시누아즈리
1600–1650   1680–1715   1710–40   1755–65무렵   1755–80

아메리칸 로코코 플레인 드롭   링   아메리칸 페더럴   리젠시 라이언 마스크
1760–80   1760무렵   1770–1800   1790–1810   1790–1820

턴드 라운드 풀   플레인 놉
1810–1830   1840–1900

의자

　의자만큼 '위계 질서'가 분명한 가구도 없을 것이다. 한 때는 권위의 상징으로서 교황이나 왕, 영주처럼 크고 작은 집단의 권력자만이 사용하던 물건이었기 때문이다. 의장, 회장을 의미하는 '체어맨chairman'이라는 단어만 보더라도 의자가 갖는 상징성을 미루어 짐작할 수 있다.
　의자의 형태는 크게 등받이가 없는 스툴에서부터 등받이가 있는 사이드체어 또는 다이닝체어(식탁 의자), 팔걸이가 있는 암체어 등으로 구분된다. 17세기부터 안락함과 편안함이 가구의 중요한 개념으로 자리잡으면서 차츰 등받이와 시트에 쿠션이 들어간 의자들이 선보이기 시작했다. 18세기는 '의자의 전성기'라고 할 수 있을 만큼 형태가 다양하였으며, 오늘날 우리가 사용하는 의자 디자인의 대부분이 이 시대에 만들어졌다. 19세기에는 신소재와 새로운 제작 기법을 이용하여 전에는 볼 수 없던 것들이 개발되었다.

스툴

스툴stool은 등받이가 없는 의자로서 보통 일인용으로 만들어졌다. 여러 사람이 앉을 수 있는 벤치도 구조적으로는 스툴과 같다. 스툴은 고대에서부터 현대에 이르기까지 의자 가운데 그 역사가 가장 오래 된 것이다.

고대 이집트, 로마 그리고 그리스에서는 다리가 'X' 자 형태를 가진 'X자형 스툴'이 유행했고 접이식 스툴도 있었다. 중세에는 주로 다리가 세 개이고 시트가 둥글거나 오각 또는 육각형인 것이 사용되었다. 루이 14세 때의 베르사이유 궁정에서는 스툴에 앉는 사람과 그냥 서 있는 사람이 엄격한 법도에 따라 정해졌는데, 이 같은 궁정 의례는 영국과 다른 유럽 국가에서도 모방했다. 제임스 1세 때의 영국의 궁정에서도 왕이 총애하는 여자들만 스툴에 앉도록 허락되었고 나머지 사람들은 서 있는 것이 보통이었다.

17세기에는 주로 장부 맞춤 구조를 가진 조인드 스툴joined stool(조인트 스툴joint stool이라고도 함)이 가장 많았고 지역별로 조금 차이는 있지만 대체로 오크를 소재로 하여 단순하게 만들어졌다. 18세기에는 등받이가 있는 의자가 일반화되면서 스툴은 주로 의자나 소파의 보조용으로 쓰였다. 치펜데일이 펴낸 책에서도 스툴 디자인은 찾아볼 수 없는데, 이것으로 미루어 보아 스툴은 당시에 크게 유행한 품목은 아니었던 모양이다. 그러나 발을 얹는 '풋스툴'과 악기를 연주할 때 쓰는 '뮤직 스툴' 그리고 서재의 높은 서가에서 책을 꺼낼 때 사다리로도 활용할 수 있는 '라이브러리 스툴' 등 다양한 형태의 스툴이 새롭게 쏟아져 나왔다. 19세기 초반에는 X자 스툴이 고전주의의 부활과 함께 유행했으며, 빅토리아 시대에는 높낮이를 조절할 수 있는 피아노 스툴이 로코코 리바이벌 스타일로 제작되었다. 그뿐만 아니라 1850-60년대에 선풍적인 인기를 끌었던 '베를린 털실 자수(Berlin woolwork)'를 씌운 스툴도 많았다.

찰스2세 시대의 오크 조인트 스툴. 웨일즈 지역 것으로 추정됨. 59x61cm
여러 개씩 세트로 제작된 것이 보통이었으나 오랜 세월을 거치면서 유실된 것이 많아 거의 낱개로만 남아 있다.

조지 1세 시대 월넛 스툴 한 쌍. 영국. 1720년무렵. 단순한 선과 형태미가 돋보이는 퀸 앤 스타일의 스툴이다. 다리는 원목, 시트 프레임은 무늬목으로 제작되었다. 18세기 초반의 스툴은 희소성이 높고 무엇보다 쌍으로 남아 있는 경우는 드물다. 월넛의 뒤를 이어 1730년쯤부터 마호가니가 본격적으로 사용되었다. 시트의 커버는 뒤에 바뀐 것이 보통이지만 오리지널일 경우에는 그 가치가 더욱 높다.

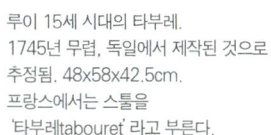

루이 15세 시대의 타부레. 1745년 무렵, 독일에서 제작된 것으로 추정됨. 48x58x42.5cm. 프랑스에서는 스툴을 '타부레tabouret'라고 부른다.

왼쪽
디렉투아 시대의 X자형 마호가니 타부레. 1800년 무렵. 67 x67x40cm. 'X' 자형 스툴은 나폴레옹 시대부터 유행했는데, 사자 머리 형태의 팔걸이와 사자발 모양의 다리를 가지고 있다. 이 시대에는 다리에 고전적인 모티브 중의 하나인 안티미온anthemion과 이집트 문양인 로터스lotus(연꽃)가 자주 나온다.

오른쪽
리젠시 시대의 X자형 스툴. 로즈우드 모방 칠, 오물루 마운트, 길로우 사 제작으로 추정됨. 1810년 무렵.

빅토리아 시대 월넛 피아노스툴. 길로우 사 제작.
피아노 스툴은 18세기 후반에 처음 선보였고 19세기 중반에 크게 유행했다. 높낮이를 조절할 수 있으며 월넛, 마호가니, 또는 로즈우드로 제작되었다. 두꺼운 캐브리올 다리를 가진 로코코 리바이벌 스타일이 가장 많다.

식탁 의자

스툴보다 편안한 의자는 16세기에 들어와서야 비로소 나오고, 17세기 초반에는 스툴에 등받이가 결합된 '백스툴backstool'이 선보였다. 17세기에는 천을 씌워 편안함을 더한 의자가 다양하게 만들어졌다. 특히 스페인과 포르투갈 그리고 이탈리아 등 남부 유럽이 유행을 주도하였고, 그 영향이 북유럽으로 전파되는 양상을 보였다. 스페인과 포르투갈의 의자는 프레임에 가죽을 덧댄 것이 특징이다. 가죽은 보통 도구로 두드려 문양을 낸 뒤 등받이와 시트에 징을 박아 고정시켰다. 의자의 등받이 양쪽 기둥 끝에는 피뢰침같이 뾰족한 꼭대기 장식이 있고, 다리와 다리 사이에는 반달 형태의 조각된 연결부가 있다. 영국에서는 1660년 찰스 2세의 왕정이 복고되면서부터 프랑스와 네덜란드의 영향이 두드러졌는데 이러한 양상은 의자에서도 잘 드러난다. 이 시대 의자의 등받이나 시트에는 바구니 짜임처럼 엮은 이른바 '케이닝caning' 기법이 쓰였다. 말라야Malaya에서 유래한 것으로서 영국과 네덜란드의 동인도회사를 통해 유럽에 소개되었는데, 케이닝 덕분에 의자는 딱딱한 나무 판자에서 한층 안락한 것으로 발전되었다. 이 기법은 18세기 초까지 크게 유행하다 사라졌다가 1800년대에 이르러 다시 부활했다.

윌리엄 앤드 메리 시대에는 프랑스의 바로크 스타일이 전파되면서 섬세한 조각 장식이 가미된 월넛 의자가 선보였다. 특히 루이 14세의 궁정에서 감각을 익힌 다니엘 마로Daniel Marot(1663-1752)의 의자 디자인은 네덜란드와 영국 두 나라에 강한 영향을 미쳤다. 네덜란드계 건축가이자 실내 장식가인 다니엘 마로는 낭트 칙령의 폐지로 인한 종교적 탄압 때문에 네덜란드를 거쳐 영국으로 망명한 수많은 위그노 장인 가운데 한 사람으로서 그의 디자인에는 프랑스 바로크 스타일의 세련됨이 배어 있다. 돔 형태의 등받이, 복잡하면서도 대칭적인 스크롤, 함께 조각된 꽃과 과일, 그리고 캐브리올 다리 등은 전형적인 마로의 디자인이다.

18세기 초기의 퀸 앤 스타일 의자는 간결한 형태미를 가진 것이 특징이다. 조각 장식이 없는 단순한 캐브리올 다리와 멍에 형태의 등받이 선, 그리고 꽃병 모양의 가운데 판은 중국 명나라의 의자와 흡사한데, 이는 중국과의 교역이 서양 가구에 영향을 미쳤음을 간접적으로 보여준다. 조지 1세, 2세 시대인 18세기 전반기의 영국 의자는 퀸 앤 스타일의 의자를 기본으로 하여 등받이와 캐브리올 다리가 차츰 복잡해지고 조각 장식이 많아지는 경향을 보인다.

1730년 무렵부터 프랑스의 로코코 스타일의 영향으로 가구 디자인에 곡선이 가미되고, 아칸서스acanthus(쥐꼬리 망초과의 여러해살이풀) 잎이나 조개와 같은 자연주의적인 모티브가 조각되었다. 이 시대에 프랑스에서 만들어진 다양한 의자는 별다른 디자인 변화 없이 오늘날까지 꾸준히 이어져 내려오고 있다.

18세기 중후반에 제작된 프랑스 의자의 형태는 유럽 의자 디자인을 주도했다. 이 시대에 마호가니가 본격적으로 사용되기 시작하면서부터 영국은 가구 제작의 전성기를 맞이했다. 마호가니 원목의 무늬결을 살리면서도 거기에 조각을 가미할 수 있어 표현이 퍽 자유롭기 때문이다. 영국의 토마스 치펜데일 Thomas Chippendale은 이 시대의 대표적인 가구 디자이너로서 그가 펴낸 디자인 책에 수록된 로코코(당시 그는 '모던'이라고 표기함), 고딕, 그리고 중국풍이 가미된 의자 디자인은 온 유럽과 미국 등지에서 모방했다. 마호가니로 제작한 치펜데일 스타일의 의자는 공을 쥔 독수리 발 모양의 캐브리올 다리와 대담하게 투각된 등받이가 특징이다. 등받이는 크로버나 오지 아치 형태를 가진 고딕 스타일이나 곡선이 강조된 로코코 스타일 또는 격자 무늬의 중국풍이 제각기 또는 서로 섞여 나타났다.

신고전주의 스타일이 대두된 1770년대와 80년대에는 타원형 또는 방패형의 등받이에 다리가 직선인 의자가 유행했다(53쪽 맨 위의 그림 참조). 특히 헤플화이트 George Hepplewhite가 디자인한 방패형 등받이는 북유럽과 미국에까지 널리 퍼졌다.

신고전주의 스타일은 19세기에 들어와서도 여전히 강한 영향력을 행사했고, 18세기 후반보다 더 실증적인 고전주의로 바뀌었다. 'X'자형 의자나 고대 클리즈모스 의자가 부활한 것이 좋은 예다. 리젠시 시대에 크게 유행한 클리즈모스 의자는 등받이가 조금 휘어진 직사각형이고 다리는 기병의 긴 칼처럼 날렵하게 뻗었다. 마호가니나 로즈우드가 많이 사용되었고, 블랙 앤드 골드의 색상이 유행함에 따라 검게 칠한(흑단을 모방하여 검게 칠했다 하여 '에보니 칠'이라고도 함) 것에 부분을 금 도금한 것이 많다. 이후 윌리엄 4세 시대에는, 리젠시 시대의 의자에서 변형되어, 앞다리가 기병의 칼 형태에서 직선으로 바뀌고 거드루닝이나 아칸서스와 같은 모티브가 가미되었다. 1830년대에서 1890년대 사이의 의자들은 대부분 과거의 스타일이 부활된 것으로서 산업화가 진행됨에 따라 대량 생산되고 의자의 구조에도 많은 변화가 일어났다. 18세기에는 시트 레일의 네 모서리에 버팀목을 고정하던 것을, 19세기에 이르러서는 삼각형의 블록을 끼우고 나사로 조여 단단하게 만들었다. 그 밖에도 벤트우드 의자와 같이 기계를 사용한 새로운 기술로 제작된 것도 선보였다.

조지 3세 시대의 마호가니 치펜데일 의자. 1760년무렵.

포르투갈 의자. 1680년 무렵. 반달 또는 아치형 등받이와 같은 형태를 따른 다리 사이 연결부, 놋쇠로 만든 꼭대기 장식, 그리고 장식적인 가죽 등받이와 시트는 17세기의 전형적인 포르투갈 의자의 특징을 잘 보여준다.

윌리엄 앤드 메리 스타일의
월넛 식탁 의자.
다니엘 마로 스타일.
이 시대에 망명해 온 마로의 영향으로
1700년 무렵부터 바로크 스타일의
조각이 가미된 월넛 의자들이
선보였다.

퀸 앤 스타일 시대 월넛 의자.
마케트리 장식.
영국. 1710년 무렵.
꽃병 형태의 등받이 판과 캐브리올 다리 등
이 시대에는 단순한 선의 아름다움이
돋보인다. 시트 레일의 두께가 깊으며
천을 싼 시트는 고정되어 있지 않고
시트 레일에 끼우는 형태다.

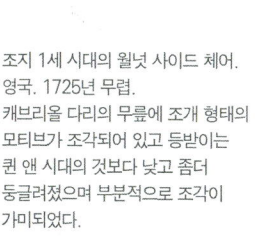

조지 1세 시대의 월넛 사이드 체어.
영국. 1725년 무렵.
캐브리올 다리의 무릎에 조개 형태의
모티브가 조각되어 있고 등받이는
퀸 앤 시대의 것보다 낮고 좀더
둥글려졌으며 부분적으로 조각이
가미되었다.

가구를 탐색하다 123

토마스 치펜데일 스타일의
마호가니 의자. 영국.
1750년 무렵.
등받이는 고딕과 로코코 스타일이
함께 섞인 것이며 직선의 다리는
중국 스타일이다.

헤플화이트 방패형 의자.
마호가니. 영국.
1790년 무렵.
18세기 후반 헤플화이트 디자인의
전형적인 예다. 방패형 등받이는
다양한 형태로 디자인되었고 향로와
같은 고전적인 모티브도 섬세하게
조각되었다.

리젠시 시대 의자.
영국. 1820년 무렵.
그리스의 '클리즈모스' 의자에서 유래한
기병의 칼 모양 다리와 굽은 직사각형 형태의
가로 등받이는 이 시대 의자의
전형적인 형태를 보여준다.

월넛 벌룬 백 식탁 의자.
1850-80년 무렵.
등받이가 풍선처럼 부풀려진 형태의
의자로서 다리는 캐브리올이다.
월넛이나 로즈우드로 제작된 것이
많다. 여섯 또는 여덟 개가
한 세트로 1850년 무렵부터
1910년대까지 널리 사용되었다.

벤트우드 의자.
1900년 무렵.
스팀을 가 해서 나무를 휘어뜨려 만든
이 의자는 독일의 가구 제작자
마이클 토네Michel Thonet(1796-
1871)가 1840년대에 개발하였다.
1900년 무렵까지 육백만 개가 넘는
벤트우드 의자가 생산되었고
유럽과 미국에 널리 수출되었다.

암체어와 안락 의자

등받이와 시트에 천을 씌운 안락 의자는 편안함을 추구하는 의자의 발전 방향을 자연스럽게 보여준다. 푹신하게 하려고 시트나 등받이에 넣는 속은 16세기의 의자에는 울이나 짚을 넣었고, 17세기부터는 말총(말 꼬리털)과 양모를 함께 섞어 채워 넣었다. 시트 안에 넣은 것들이 흐트러지지 않도록 시트 틀 안쪽을 씨줄과 날줄로 엮은 천으로 고정시켰다. 프랑스에서는 천을 씌운 의자를 '포퇴이유fauteuils'라고 부르고 이 가운데 등받이가 평평한 것을 '포퇴이유 아 라 렌fauteuils à la reine'이라고 한다. '왕비(또는 여왕)용'이라는 뜻을 지닌 '아 라 렌'이라는 명칭은 루이 15세의 왕비 마리 레진스카Marie Leczynska 가 이러한 형태의 의자를 사용한 뒤로 붙여진 것이다. 이와는 달리 등받이가 조금 둥글려져 있어 등을 편안하게 받쳐 주는 형태를 '셰즈 엉 카브리올레chaise en cabriolet' 라고 하고, 등받이와 팔걸이가 있으면서 옆면이 막혀 있는 의자를 '베르제르bergère라고 부르는 등 같은 안락 의자라 해도 형태와 종류에 따라 명칭이 매우 다양하다.

의자가 한층 더 안락해진 것은 1828년에 코일 스프링이 개발되면서부터다. 시대별로 쓰이는 패브릭도 달랐다. 16세기부터 1750년대까지는 가죽과 함께 '터키 자수(turkey work)'를 널리 사용하였다. '터키 자수'는 터키 카펫을 모방하여 만든 것으로 주로 정형화된 꽃 문양이 많다.

또한 17세기에는 제노아나 우트레히트 지역에서 제작된 벨벳이나 실크를 사용하고, 다마스크 패턴의 벨벳과 십자수 천도 18세기 후반까지 즐겨 사용하였다. 18세기 후반에는 물결 무늬 실크나 줄 무늬 패턴이 유행했다. 벨벳이나 실크와 같은 값비싼 패브릭을 보호하기 위해서 평소에는 리넨 커버를 사용했다. 프랑스에서는 여름용, 겨울용 커버가 따로 있었고 이것을 '아 샤시à chassis' 라고 부른다. 이처럼 부유층의 전유물이었던 안락 의자는 19세기에 들어서서 대중화되면서 수요가 엄청 늘었다. 이 시대에는 코일 스프링에다 등받이 쿠션을 단추로 고정시켜서 더욱 편안해졌다. 앉을 때 자세가 편하다 해서 이 의자는 '이지 체어easy chairs' 라고도 불렀다.

19세기 중후반에 제작된 의자들은 산업화의 영향으로 대량으로 생산된 데에다 유럽 전역에서 루이 15세와 16세 스타일이 부활되면서, 나라별로 개성이 많이 사라져, 제작 지역을 엄격하게 구별하기가 매우 어렵다. 19세기에 리바이벌 된 스타일과 18세기의 오리지널 스타일을 구별하는 기준은 이렇다. 일반적으로 19세기의 것은 형태나 장식이 과장되게 표현된 경향이 있고 색상이 짙은 나무를 선호한다. 예컨대 18세기 중반의 로코코 스타일의 암체어와 19세기의 로코코 리바이벌 스타일을 비교하면, 캐브리올 다리를 비롯한 전체 곡선이 19세기의 것이 더 과감하게 휘어져 있고 꽃과 잎사귀의 조각 장식도 더 사실적이고 복잡하다. 18세기의 오리지널 로코코 스타일의 암체어는 가늘고 섬세하면서 길딩이나 옅은 색의 페인트로 마감되었다. 한편 로코코 리바이벌 스타일의 암체어는 로즈우드와 같이 짙은 색상의 나무가 주로 사용되었다.

안락 의자나 암체어에서는 편안함을 더하기 위해 패브릭의 역할이 중요했다. 그러나 세월이 흐르면서 원래의 패브릭이 낡고 닳아 새 것으로 바꾼 것이 많다. 우리 나라에서는 상태가 양호하다 하더라도 새 것으로 바꾸는 경향이 있어 오리지널 패브릭을 가진 의자를 만나기가 어렵다. 물론 의자는 프레임이 무엇보다 중요하지만, 패브릭도 되도록이면 그 시대에 맞는 스타일을 선택하는 것이 좋다.

찰스 2세 월넛 암체어. 17세기 후반.
왕정 복고 이후 의자의 형태는 가벼워지는 경향을 보인다. 등받이 또는 등받이와 시트 모두에 케이닝 기법을 사용했고 등받이 높이는 앉는 이의 머리를 받칠 만큼 높다.
케이닝 주변이나 다리 사이 연결부의 대담한 조각은 이탈리아 바로크의 영향을 받았음을 간접으로 보여준다.

퀸 앤 시대의 월넛 '윙체어'.
영국. 1710년 무렵.
좌우로 날개가 달려 있어 바람을 막아 주는 안락 의자의 일종이다. 퀸 앤 시대에는 월넛의 캐브리올 다리와 무릎에 조개 문양이 조각된 것이 유행했다. 십자수 패브릭으로 씌운 것이 많다.

조지 1세 시대의 월넛 서재용 의자.
일명 게인즈버러 의자(Gainsborough chair).
영국. 1725년 무렵.
'게인즈버러'라는 용어는 초상화로
특히 유명한 당대 최고의 화가
토마스 게인즈버러가 그의 모델을
이러한 의자에 앉혔던 데에서 유래한 이름이다.

조지 2세 시대의 마호가니 오픈 암체어.
영국. 1755년 무렵.
조지 1세 시대의 것에 비해 무릎이나
팔걸이에 조각 장식이 더해졌다.

루이 15세 시대의
포퇴이유 아 라 렌 fauteuils à la reine.
프랑스. 1750년 무렵.
패브릭을 바꿀 수 있는
'아 샤시 à chassis' 이다.

루이 16세 시대의
베르제르 bergère.
MARIETTE JME 스탬프.
18세기 후반.
등받이와 팔걸이가 있고 옆면이
모두 막혀 있는 의자를
'베르제르'라고 한다.

조지 3세 시대의
마호가니 게인즈버러 서재용 암체어.
영국. 1770년 무렵.
넉넉한 크기의 마호가니 의자의
팔걸이와 다리에는 정교하게 문양이
조각되어 있고 다리와 그 사이의
연결부는 모두 직선이다.

리젠시 시대 마호가니 베르제르.
영국. 1810년 무렵.
날개 달린 암체어를 가리키는
'베르제르'라는 프랑스 용어는
18세기 중반부터 영국에서도 널리
사용되었다. 손잡이에 표범이 조각되어
있고 긴 칼 형태의 다리는 이 시대의
전형적인 스타일이다.

엠파이어 시대의 마호가니 베르제르.
오물루 장식. P.BELLANGE 마크.
1810년 무렵.
이 시대에는 마호가니가 가구 목재로
많이 사용되었고 육중한 형태와
고전적인 모티브 그리고 얇은 오물루
장식이 특징이다. 이 의자를 만든
벨랑쥐는 프랑스 대혁명 이후,
나폴레옹 1세 시대에 활발하게 활동을 했다.
그가 만든 의자들은 튈르리 궁전les Tuileries에
소장되어 있다.

비더마이어 암체어. 1825년 무렵.
비더마이어 스타일Biedermeier Style은 독일, 오스트리아, 그리고 스칸디나비아 지역에서 1815년 무렵부터 1848년쯤에 유행한 것으로서 기하학적인 형태미와 밝은 색상의 나무가 특징이다. 당시 이 지역 중산층의 취향을 대변하는 이 스타일은 프랑스의 엠파이어 스타일 가구의 영향을 많이 받았으나 장식이 좀더 절제되어 있다. 오물루 장식 대신에 부분적으로 흑단이나 로즈우드로 상감하여 윤곽선을 강조한 것이 많다.

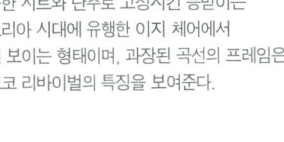

빅토리아 시대의 월넛 이지 체어.
1860년 무렵.
두툼한 시트와 단추로 고정시킨 등받이는 빅토리아 시대에 유행한 이지 체어에서 흔히 보이는 형태이며, 과장된 곡선의 프레임은 로코코 리바이벌의 특징을 보여준다.

간이 의자

'홀 체어hall chairs'는 손님이 집 주인을 접견하기 위해 기다릴 때 사용하는 의자로, 홀의 현관이나 복도에 놓아 둔다. 17세기 영국에서 처음 나온 홀 체어는 신발끈을 묶을 때 발을 올려 놓기 위한 것으로 사용되어서 시트에 긁힌 자국과 같은 흔적이 많다. 등받이와 시트 모두 나무판이고 등받이의 형태가 독특한 것이 많다. 한편 실내 모서리에 놓을 수 있도록 마름모

조지 4세 시대의 마호가니 홀 체어. 1820년 무렵.

형태의 시트를 가진 의자를 '코너 체어corner chair'라고 하는데 프랑스에서는 이것을 '책상 의자(fauteuils de bureau)'라고 부른다. 그 밖에 빅토리아 시대에는 나무가 아닌 새로운 소재로 만든 의자들이 선보였다. 그 가운데 파피에 마쉐 papier mâché 기법은 대표적인 것인데, 여러 겹의 종이 펄프를 기계 틀에서 찍어 낸 뒤 동양의

조지 3세 시대의 마호가니 코너체어.

칠기 가구처럼 옻칠을 하고 자개로 상감하거나 금색으로 문양을 그려 장식한 것이다. 파피에 마쉐 기법은 처음에는 쟁반이나 보석함과 같은 소품에만 쓰이다가 프레스와 몰딩 기술이 발전하면서 1850년 무렵부터 의자와 테이블과 같은 가구를 만드는 데에도 즐겨 쓰였다.

퀸 앤 시대의 월넛 독서용 의자. 1710년 무렵. 경첩이 달린 독서용 판이 팔 받침 속에 있어 기마 자세로 앉아 책을 읽을 수 있도록 고안된 의자다.

컨트리 의자

런던이나 파리와 같은 큰 도시가 아닌 지방에서 만들어진 컨트리 의자는 대개가 그 지방에서 손쉽게 구할 수 있는 목재로 만들었다. 그렇기 때문에 흔히 오크, 너도밤나무 같은 나무를 사용하였다. 지방의 컨트리 의자는 유행에 민감하지 않아서 의자의 디자인에 변화가 거의 없다 보니 연대를 가늠하기가 어렵다. 다만 나무의 파티네이션이나 장식 모티브로 대략적인 연대를 추정할 수 있다. 가장 대표적인 컨트리 의자로는 '윈저 의자(Windsor chair)'를 들 수 있다. 조지 3세가 윈저성 근처로 사냥을 나갔다 폭풍우를 피해 어느 오두막에서 잠깐 쉴 때 앉았던 의자에서 '윈저 의자'라는 이름이 유래했다고 하며, 그는 보기보다 편한 이 의자를 그 뒤로도 즐겨 사용했다는 이야기가 전해진다. 그러나

윈저 지역에서 이러한 형태의 의자를 많이 만들었기 때문에 붙여진 이름이라는 설이 더 일반적이다. 이 의자는 등받이가 빗 또는 후프 형태로 되어 있는데 2단으로 된 것이 가장 많다. 등받이의 단 수가 많고 모양이 독특한 것일수록 수집가치가 높다. 빗살 형태의 막대기들이 가로 레일에 연결되어 있는 등받이 모양은 마치 농가에서 쓰는 갈퀴를 연상시킨다. 윈저 의자는 영국 남부 버킹엄셔의 하이와이콤High-Wycombe 지역에서 가장 많이 제작되었다. 반면 북서부의 랭커셔 지역에서는 사다리형 등받이 의자가 많았는데, 이것은 등받이의 형태가 말 그대로 마치 사다리처럼 높고 가로 막대가 여러 개 반복되는 형태를 지녔다. 이 의자는 시트를 원목으로 깎아 만든 윈저 의자와는 달리 골풀 시트가 대부분이었다. 또한 요크셔나 더비셔와 같은 중부, 북부 지역에서는 반달형의 등받이가 많다. 특별한 기교가 없이 순수하고 소박한 컨트리 의자는 풋풋한 시골 내음과 함께 세월을 뛰어넘는 아름다움이 배어 있다.

오크 사다리형 등받이 의자.
랭커셔 지역. 19세기 후반.
등받이가 사다리 형태로
이루어져 있고
시트는 골풀을 엮은 것이다.

조지 3세 시대의 윈저 의자.
주목과 느릅나무. 18세기 후반.
템즈 밸리 지역.
부드러운 곡선의 캐브리올 다리와 다리 사이 연결부 그리고 치펜데일의 의자 등받이를 연상시키는 투각된 가운데 판은 지방에서 찾아볼 수 있는 로코코 스타일이다. 등받이가 여러 층으로 이루어져 있고 가운데 판이 화려한 것일수록 값이 나간다.

오크 사이드체어. 17세기.
반달형의 등받이에 기하학적인 문양이 조각된 이 사이드체어는 요크셔 남부나 더비셔 지역의 대표적인 의자 형태다.

세틀과 소파

여러 사람이 앉을 수 있는 의자로서 세틀settle, 세티settee, 그리고 소파sofa 따위가 있다.

세틀이란 등받이가 높은 벤치와 같은 의자를 말한다. 시트의 형태가 상자나 코퍼의 형태를 가진 것을 '박스 세틀box settle'이라고 하며 이것은 15세기부터 제작되었다. 이탈리아에서는 카소네(직육면체 형태의 수납장)에서 발전한 세틀의 일종으로서 등받이와 팔걸이가 있는 '카사판카cassapanca'가 르네상스 시대에 제작되었다. 세틀은 조인드 스툴과 코퍼처럼 오크를 비롯하여 지역에서 손쉽게 구할 수 있는 과수목으로 만들어서 19세기에 이르기까지 지방에서 꾸준히 사용하였다.

의자를 두세 개 연결한 형태를 가진 세티는 17세기 중반부터 나오기 시작했다. 이것은 17세기 후반과 18세기 전반에 걸친 의자의 변천과 같은 맥락을 보인다. 시트는 천으로 싼 것으로서 틀에 끼워 넣는 것이었고 등받이의 형태는 퀸 앤 시대 의자와 같이 둥근 프레임에 꽃병 형태의 가운데 판이 있는 것이 보통이었다. 또한 화려한 월넛 무늬목이나 마케트리를 이용해 프레임을 장식하기도 했다. 1720년대에는 윌리엄 켄트William Kent의 영향으로 조개나 사자 머리, 에스파뇰렛(깃털 머리 장식을 한 소녀의 얼굴), 아칸서스, 독수리 등이 대담하게 조각된 세티도 있다. 그 뒤로는 치펜데일의 의자 디자인을 바탕으로 한 세티가 18세기 중반 크게 유행했다.

18세기 중반 프랑스에서는 로코코 스타일의 '카나페canapé'와 '뒤체스 브리제duchesse brisée', '셰즈 롱그chaise-longue'와 같이 독특한 세티들이 등장했다. '카나페'는 세티와 소파를 총칭하는 말로도 쓰이지만 주로 프레임과 패브릭으로 싼 부분이 명확하게 구분되는 것을 의미한다. 프랑스 로코코 스타일의 카나페는 프레임의 부분 부분에 꽃이나 잎을 조각했지만, 이탈리아의 카나페는 곡선의 디자인이 과감하고 조각이 매우 화려하고 복잡하다. 카나페의 프레임은 조각한 뒤 석고를 바르고 금 도금을 하는 것이 보통이었다.

'셰즈 롱그'는 비스듬히 드러누울 수 있도록 고안된 세티의 일종으로, 머리를 두는 쪽이 막혀 있다. 이것은 17세기부터 이탈리아, 프랑스, 영국 등에서 제작되었다. 초기에는 머릿판이나 시트가 케이닝(바구니 짜임) 기법으로 제작된 것이 많았으나 쿠션이 있는 안락 의자가 선호되면서 사라졌다. 프랑스에서는 이 셰즈 롱그를 '공작 부인'이란 뜻을 지닌 '뒤체스'라는 이름으로 부르기도 했고, 셰즈 롱그 중에서도 두세 부분으로 이루어져 있어서 경우에 따라서는 따로 분리해서도 쓸 수 있는 형태의 것은 '뒤체스 브리제'라고 한다. 같은 시대에 유명한 살롱(여성이 운영하는 귀족들의 사교 모임)의 주인이었던 레카미에 부인 Mme. Récamier의 초상화 덕분에 셰즈 롱그를 '레카미에récamier'라고 부르기도 한다. 영국에서는 이것을 '데이베드daybed'라고 부르기도 하는데, 고대 그리스와 로마의 스타일이 부활된 리젠시 시대에 크게 유행했다. 빅토리아 시대의 셰즈 롱그는 주로 월넛, 마호가니, 그리고 로즈우드로 제작되었고 로코코 리바이벌 스타일이 가장 많다.

자크 루이 다비드Jacques Louis David가 그린 마담 레카미에Mme Récamier. 캔버스에 유채. 1800년. 파리 루브르 박물관 소장. 174x224mm

현존하는 소파 가운데 유서 깊은 '놀 소파Knole Sofa'가 있다. 켄트 지역의 놀Knole 성에서 유래한 것으로서, 팔걸이 부분을 접었다 폈다 할 수 있는데 여느 때에는 그 옆면의 팔걸이 부분이 등받이에 묶여 있다. 19세기 중반에는 중산층이 두터워지면서 거실에 소파 세트를 갖추어 놓는 가정이 많아졌다. 3인용 소파와 같은 세트의, 1인용 암체어, 데이베드, 그리고 풋스툴까지 한 조를 이룬 것이 많았다. 이러한 소파 세트는 다양한 리바이벌 스타일로 만들어졌다. 당시의 다른 의자처럼 시트와 등받이는 코일 스프링을 쓰고 단추로 고정시켜 두툼하게 만들었는데 안락함을 추구하는 이 시대에 제격이었다. 또한 여러 사람이 여러 방향에서 앉아 대화를 나눌 수 있는 '사교적 소파(sociable sofas)'들도 다양하게 선보였다. 두 사람이 마주보고 앉을 수 있도록 소파 양 끝의 시트가 안쪽으로 향하게 디자인된 '테트 아 테트tête-a-tête' 또는 '러브 시트love seat', 의자가 S 자로 배열된 것, 하나의 소파가 세 칸으로 나뉘어 있는 것 등은 '따로 또 같이' 앉을 수 있는 형태다. 에드워디언 시대의 소파는 다소 무거운 느낌의 빅토리안 시대의 패브릭 소파에서 벗어나 가볍고 선이 가는 세티가 선호되었다. 셰러턴 스타일이 부활되면서 등받이에 신고전주의 문양이 조각되거나 상감된 것이 많다.

조지 1세 시대의 오크 세틀.
1720년 무렵. 106x186x70cm.
세티의 전형이 되는 세틀은 등받이가 높은 판으로 되어 있다.
세틀 등받이의 구조는 원래 16, 17세기 코퍼에서
볼 수 있는 틀과 판 구조, 곧 여러 개의 판을 틀에
끼운 것과 같았으나 차츰 하나의 판으로 바뀌었다.

조지 1세 시대의 월넛 세티.
1725년 무렵. 107x142x69cm.
손잡이와 다리는 원목으로, 등받이와 시트 레일은 월넛 무늬목으로
만든 세티이다. 무릎 부분에 조개와 종꽃 모티브가 조각되어
있다. 팔걸이가 휘어진 형태가 매우 독특한데 '양치기 지팡이'라고
부른다.

조지 2세 시대의 마호가니 세티.
1745년 무렵. 132.1cm

136　앤틱 가구 이야기

조지 3세 시대의 마호가니 '낙타형 등받이' 세티.
1785년 무렵. 91x213.5x85cm

조지 3세 시대의 마호가니 세티.
104x190cm.
헤플화이트 스타일의 방패형 등받이가 여러 개 연결된 형태의 세티로서 가운데 조각된 깃털 모양은 '프린스 오브 웨일즈 깃털'이라고 부른다.

루이 15세 스타일의 뒤체스 브리제.
조각에 금 도금 장식.
루이 15세 시대에 유행한 것으로서 1900년대 초반에 다시 유행하여 많이 제작되기도 했다.

가구를 탐색하다

루이 15세 시대의 카나페.
너도밤나무. 18세기 중반. 165cm

루이 15세 시대의 세티.
금 도금 장식과
오뷔송 태피스트리 업홀스터리.
18세기 중반. 186x100x70cm

루이 16세 시대의 카나페.
N.DELAISEMENT 마크.
18세기 후반. 122cm

리젠시 시대의 데이베드.
로즈우드 모방 칠. 부분 도금.
80x222x69cm.
육중한 형태에 고전적인 문양이 상감되었다.
주로 마호가니와 로즈우드로 제작되었고
조지 벌록George Bullock이 만든 것으로는
놋쇠로 상감 장식된 것이 유명하다.

빅토리아 시대의 데이베드.
1880년 무렵.
로코코 리바이벌 스타일의 데이베드는
곡선의 캐브리올 다리에 꽃이 조각되어 있는 것이 많다.
주로 벨벳과 같은 두꺼운 천을 씌웠다.

놀knole 소파.
110x200x95cm.
이러한 형태의 소파는 17세기 초반 켄트의 놀 성에서
처음 사용되었는데 팔걸이를 밧줄로 묶었다 펼쳤다
할 수 있다. 시트와 등받이, 팔걸이 모두를 패브릭으로
싼 영국 최초의 소파 형태로 유명하다.

가구를 탐색하다 139

빅토리아 시대 월넛 소파.
1860년 무렵. 196cm.
로코코 리바이벌 스타일이 가장 많고 등받이를 단추로 고정시키는 것이 유행했다. 이러한 스타일의 소파 중에서 미국의 가구 제작자인 벨터John Henry Belter(1804-63)의 소파가 특히 유명하다. 기계틀을 써서 로즈우드 합판을 과감한 곡선과 문양을 떠내어 만들었다.

빅토리아 시대 소셔블sociable 소파.
버튼 백 업홀스터리. 19세기 중반.
1.83m.
앉은 사람이 앞 사람은 물론이고 옆과 뒤에 있는 사람들과도 자연스럽게 고개를 돌려 얘기할 수 있게 한 사교용 의자다. 프랑스에서는 '콩피당트confidante' 또는 '아상블라쥬assemblage'라고 부른다.

에드워디언 시대의 마호가니 세티.
영국. 1890년 무렵.
방패형 등받이는 18세기 후반의 가구 디자이너인 조지 헤플화이트의 방패형 의자에서 유래한 것이다. 이 시대에는 셰러턴과 헤플화이트의 디자인이 리바이벌되었다.

식탁

서양의 가구 중에서 테이블은 의자 못지않게 종류가 다양하고 중요한 품목이다. 테이블은 식사뿐만 아니라 바느질, 작업, 독서, 게임, 그리고 장식에 이르기까지 그 쓰임새가 가지각색이다.

중세에는 큰 홀에서 많은 사람이 한꺼번에 식사를 했기 때문에 이를 수용할 수 있는 큰 식탁이 필요했다.

그러던 것이 18세기에 이르러서야 가족 단위로 식사를 하게 되면서 작은 식탁들이 나왔다. 15, 16세기의 식탁은 가대 형식의 버팀 다리에 널빤지 형태의 상판을 얹은 것이었다. 그리고 식사를 한 뒤에 그 홀에서 바로 이어서 펼쳐지는 춤과 공연을 위해 쉽게 정리하여 치울 수 있어야 했기 때문에 보통 상판과 다리가 분리되는 형태였다. 이 시절에는 식탁보를 덮어서 사용했기 때문에 식탁의 재질이나 형태는 그리 중요하지 않았다.

중세의 연회 장면.
식탁은 식탁보를 씌웠고,
의자는 등받이가
높은 세틀과 긴 벤치였다.

큰 식탁 가운데 오늘날까지 널리 쓰이는 것은 '리펙토리 테이블refectory table'이다. '리펙토리'란 수도원 안에 있는 식사를 위한 공간을 가리키는 말로서, 이 곳에서 사용된 식탁은 장식 없는 원목 상판에 밋밋한 기둥 다리를 가진 형태였다. 이것을 기본 형태로 하여 17세기 영국에서는 리펙토리 테이블의 기둥 다리가 마치 머슴 밥을 담을 만큼 큰 사발에 뚜껑이 덮인 형태(cup and cover)로 바뀌었고, 주로 아칸서스 잎 문양을 조각했다. 20세기 초반에는 이러한 리펙토리 테이블이 대량으로 생산되었는데, 17세기의 것보다 다리와 다리를 잇는 연결대에서 볼 수 있는 '파티나', 곧, 사용 흔적과 세월의 깊이가 훨씬 적다.

17세기에는 이 리펙토리 테이블과 게이트렉gateleg 테이블이 식탁으로 가장 많이 쓰였고, 18세기에 와서는 좀더 다양한 형태의 식탁이 등장했다. 조지 2세(1727-60) 시대에는 사람 수에 따라 테이블을 늘일 수 있는 확장형 식탁이 나왔는데, 주로 마호가니로 제작되었고 상판의 모서리를 'D' 자로 둥글렸다. 그러나 다리가 여러 개이기 때문에 앉기가 불편하였다. 이런 불편을 개선한 것이 '페디스털 테이블pedestal table'이다. 이 테이블은 받침 기둥(페디스털)에서부터 다리가 문어발처럼 뻗은 형태의 식탁을 말하는데, 보통 페디스털이 두 개인 것이 일반적이지만 세 개, 또는 네 개인 것을 뒤에 줄여서 작은 테이블로 변형시킨 것이 많다. 따라서 페디스털이 세 개 이상인 것은 상대적으로 희소 가치가 높다. 확장형 식탁 가운데에서 '임페리얼 확장형 식탁(Impeiral Extending Dining Table)'이 가장 독특하다. 이것은 18, 19세기 영국에서 가구 제작 업체 가운데 가장 이름난 랭커스터의 '길로우(Gillow of Lancaster)' 회사에서 만든 망원식 테이블로서, 사람 수에 따라 크기를 자유자재로 늘일 수 있다.

길로우 사의 테이블을 모델로 제작한 망원식 확장형 식탁. 미국. 1805-10년 무렵.

한편 사각형만 있던 확장형 식탁을 원형에 적용시킨 것도 있다. 가장 유명한 것으로는 '존스톤 주프 회사(Johnstone Jupe & Co.)'에서 만든 것인데 파이 형태로 늘어나도록 고안되었다.

18세기에는 보통 침실에서 아침을 먹었다. 처음에는 작은 드롭리프dropleaf

테이블이 주로 사용되다가, 1770년 무렵에 상판을 똑딱 단추로 눌러 수직으로 세울 수 있는 아침 식사용 테이블인 '브렉퍼스트 테이블breakfast table'이 새로 나왔다. 쓰지 않을 때에는 벽쪽에 붙여 세워 두었고 다른 침실 가구와 세트로 만들기도 하였다. 18세기 말과 19세기 초반에는 타원형이나 끝을 둥글린 사각형 테이블에 다리가 페디스털인 심플한 마호가니 브렉퍼스트 테이블이 인기를 끌었고, 19세기 중후반에는 원형이나 타원형의 상판에 마케트리 기법으로 장식하거나 문양을 상감한 화려한 테이블이 유행했다. 마호가니뿐만 아니라 로즈우드나 월넛도 많이 사용되었고 이국적인 무늬목을 덧댄 것도 많았다.

제임스 1세 시대 오크 리펙토리 테이블.
1630-50년 무렵. 81x218x85cm.
테이블 상판은 보통 두세 개의 판자로 이루어져 있고 나무 펙으로 다리와 프리즈를 조인 것을 볼 수 있다. 발 부분이 삭아서 새 것으로 간 것이 많다.
17세기의 것보다는 빅토리아 시대와 1920-30년대에 재현된 것이 훨씬 수가 많다.

조지 3세 시대의 'D'자형 마호가니 식탁.
1780년 무렵. 72x442x137cm.

리젠시 시대의 마호가니 페디스털 테이블.
1810년 무렵. 71x536x152.5cm

아트 앤드 크라프트 식탁.
베일리 스콧 M. H. Baillie Scott이 디자인하고
화이트 John P. White가 제작했다. 1900년.
75×180.5×89cm
중세의 트레슬 테이블에서 영감을 얻은 단순하고
기능적인 형태의 식탁이다.

조지 3세 시대 마호가니 브렉퍼스트 테이블.
1795년 무렵. 71x150x134cm

빅토리아 시대의 마호가니 원형 확장형 테이블.
존스톤 앤드 진스 사 제작.
동판에 Joneston & Jeanes, patentees 67 New Bond St 각인되어 있음.
1860년 무렵.
95x134cm. 직경 166cm, 펼치면 204cm
테이블 상판은 파이 형태로 확장되는 것이 특징이다.

게이트렉 테이블

게이트렉 테이블gateleg table은 이름 그대로 다리를 문처럼 여닫으면서 테이블의 상판을 펼치거나 접을 수 있는 것을 말한다. 고정된 네 개의 다리에 두 개의 여닫이 다리가 추가된 형태로서 움직이는 다리를 한쪽만 펼쳤을 때는 반달형, 그리고 양쪽을 모두 폈을 때는 타원이나 원형이 되기 때문에 공간에 구애를 받지 않고 사용할 수 있는 이점이 있다. 게다가 완전히 접었을 때에는 벽에 붙여 둘 수 있을 만큼 얇다. 이처럼 게이트렉 테이블은 트레슬 테이블처럼 식사 뒤에 정리하기 쉽고 훨씬 콤팩트한 것이 특징이다. 크기에 따라 티 테이블tea table에서부터 식탁까지 다양한 종류가 있으며, 17세기 후반에 널리 사용되었다. 재질은 오크가 가장 많고 그 밖에 느릅나무와 다양한 지방의 과수목으로 만들었다. 17세기 후반의 게이트렉 테이블은 풍부한 컬러와 파티네이션을 가지고 있고 오랜 세월 수축과 팽창을 되풀이한 탓에 상판이 평평하지 않다. 다리 연결부에 닳은 흔적이 있으며 다리를 여닫은 자국이 상판 아래에 선명히 남아 있다. 이것을 재현한 1920-30년대 제품이 두루 퍼져 있다.

형태와 기능 면에서 게이트렉 테이블과 비슷하지만 좀더 세련되고 간소화시킨 것이 '드롭리프 테이블dropleaf table'이다. 이것은 두 개의 고정된 다리와 두 개의 여닫이 다리가 테이블 상판을 받치게 되어 있다. 또한 게이트렉과는 달리 다리와 다리를 잇는 연결부가 없어 식탁에 앉을 때 무릎을 집어넣고 사용하기 편리하고 모양도 더욱 깔끔하다. 1720년대부터 본격적으로 사용되었고 당시의 다른 가구 스타일과 마찬가지로 퀸 앤 스타일의 캐브리올 다리가 일반적이었으나, 1730년대부터는 공을 쥔 독수리 발 모양으로 바뀌었다. 18세기에는 차를 마시거나 카드 놀이를 할 때 주로 사용되었고 오늘날까지 거의 변함없는 디자인을 유지하고 있는 대표적인 지방 가구의 하나로 손꼽힌다.

윌리엄 앤드 메리 시대 월넛 게이트렉 테이블.
17세기 후반 또는 18세기 초반. 74x133x50cm

조지 2세 시대 드롭리프 테이블.
1750년 무렵.
70x173.5cm(상판을 펼쳤을 때).
드롭리프 테이블은 초기에는 월넛으로 만들었으나 나중에는 마호가니로 만든 것이 압도적으로 많다. 심플한 캐브리올 다리는 이 시대 테이블의 전형적인 모습이다.

가구를 탐색하다 147

펨브로크 테이블과 소파 테이블

다리를 열어 테이블 상판을 받치는 게이트렉이나 드롭리프와는 달리 손바닥만한 크기의 날개를 펼치는 것이 '펨브로크 테이블pembroke table'이다. 펨브로크 테이블은 이것을 처음 주문해서 사용한 귀족 펨브로크 부인의 이름에서 유래했다. 1770년 무렵부터 본격적으로 제작된 이 테이블은 당시에 유행하던 신고전주의 스타일을 잘 반영한다. 이 테이블은 타원형이나 직사각형 형태가 일반적이고 아래로 내려갈수록 좁아지는 직선의 다리에 바퀴가 달려 있어 옮기기가 쉽다. 주로 거실에서 간단한 식사와 차 마시기, 카드 놀이, 바느질 등을 할 때에 사용하였다.

19세기 중반에는 게이트렉 테이블의 일종인 '서덜랜드 테이블Sutherland table'이 널리 사용되었다. '서덜랜드'라는 이름 또한 빅토리아 여왕의 의상 관리 담당이었던 서덜랜드 공작 부인의 이름에서 유래했다. 1849년의 어느 가구 캐털로그에 이러한 디자인의 테이블이 최초로 기록되어 있다. 1870년대에 깔쭉 무늬 월넛(버 월넛burr-wulnut)의 무늬목으로 제작된 것이 서덜랜드 테이블의 전형적인 예다. 서덜랜드 테이블은 18세기의 드롭리프에 비해 접히는 날개가 매우 넓고 가운데 고정된 부분이 상대적으로 좁아, 접었을 때 부피가 매우 작아 수납이 쉽다. 고정된 양 옆의 다리는 조각이 매우 화려하고, 접이식 다리는 가는 기둥의 형태를 띠었다.

소파 테이블sofa table은 펨브로크와 같은 방식으로 양 날개를 펼치는 테이블로서 보통 소파 앞에 두고 사용하는 용도였으며 18세기 후반에 처음으로 나왔다. 이국적인 무늬목이나 상감으로 장식된 경우가 많아 소파 뒤에 두어서 거실에서 센터 테이블로 쓰는 경우가 많았다. 소파 앞에는 이를 대신하여 티 테이블이나 사이드 테이블을 사용했고 커피 테이블은 20세기에 들어와서야 비로소 사용하기 시작했다.

조지 3세 시대의
새틴우드 펨브로크 테이블.
1790년 무렵. 72x116cm
다리를 움직이는 형태의 게이트렉 테이블과 달리
상판 밑의 날개를 펼쳐 받친다.

빅토리아 시대의 서덜랜드 테이블.
1860년 무렵. 펼쳤을 때 1.07m
양쪽을 모두 접었을 때 부피가
매우 적다.

리젠시 시대의 로즈우드 소파 테이블.
1815년 무렵. 73x158x61cm
원래 소파 앞에 두었지만 소파 뒤에 붙여 두고
장식품을 올려 놓는 용도로도 쓰였다.

가구를 탐색하다   149

콘솔과 피어 테이블

콘솔console은 벽에 붙여 두는 테이블로서 본디 한 개 또는 두 개의 다리로 받친 선반 형태에서 발전되었다. 15세기에 처음 등장하여 17세기에 이르면서 순수한 장식용 테이블로 자리잡았다. 17세기 이탈리아 바로크 스타일의 콘솔은 후대 콘솔 스타일의 발전에 지대한 영향을 미쳤다. 이 시대의 것은 받침이 별도의 조각품처럼 웅장하고 거대하며 조각한 뒤에 금 도금을 했고 상판에는 대리석을 얹었다(41쪽 아래 그림 참조). 이 이탈리아 바로크 스타일 콘솔은 특히 프랑스 루이 14세 시대의 콘솔 디자인에 큰 영향을 미쳤다. 이탈리아의 콘솔이 웅장한 기상이 있다면, 베르사이유 궁전의 실내 디자인의 총 책임자인 장 르 포트르Jean Le Pautre(1618-82)의 디자인을 필두로 한 프랑스 콘솔은 고전적인 세련미가 있다. 영국의 대표적인 콘솔 디자인으로 손꼽히는 윌리엄 켄트William Kent의 '독수리 콘솔'도 역시 이탈리아 콘솔에 그 뿌리를 두고 있다. 이탈리아에서 공부한 켄트는 이탈리아 바로크 양식에서 영감을 얻은 웅장한 콘솔을 디자인했다. 물결 문양, 기요쉬, 그리스 격자 문양 등이 대담하게 조각된 건축적인 디자인이 특징인 그의 콘솔은 전체가 마치 하나의 조각 작품인 양 두꺼운 받침 위에 놓여 있다(152쪽 두번째 그림 참조).

프랑스의 레장스 시대(1715-23)에는 콘솔이 세련되고 감각적이었다. 특히 격자 패턴과 함께 조개, 아칸서스 잎, 그리고 꽃과 같은 모티브가 어우러져 있으면서 바로크와 로코코의 과도기적인 특징을 보인다. 이를테면 디자인이 전체적으로 대칭적인 것은 바로크적이고, 곡선의 캐브리올 다리와 조각이 줄어든 것은 로코코적인 특징이다. 루이 15세 시대에는 대칭적인 레장스 시대의 디자인보다 한층 더 자유롭고 가벼운 스타일이 유행했다. 테이블 상판이 곡선으로 처리되고 'C'자와 'S'자 곡선이 두드러진 디자인으로 섬세하게 투각되었다. 이러한 콘솔은 주로 부아즈리boiserie(장식적으로 몰딩이 처리된 벽 장식)의 선에 맞추어 배치되었다.

콘솔과 기능은 같지만 뒷다리나 뒷받침이 있는 것을 '피어 테이블pier table'

이라고 한다. '피어'란 창문과 창문 사이의 공간을 말하는데 여기에 테이블을 놓고 그 위에 거울을 두었다. 베르사이유 궁전의 '유리의 방(Galerie des Glaces)'은 콘솔과 거울을 피어에 일렬로 둔 가장 대표적인 예다. 18세기 후반의 대표적인 피어 테이블 디자인으로는 영국의 건축가이자 실내 장식가인 로버트 아담Robert Adam의 것을 꼽을 수 있다. 반달형 또는 직사각형의 콘솔에 아래로 내려갈수록 좁아지는 직선의 다리는 전형적인 신고전주의 스타일로, 상판은 마케트리로 장식하거나 대리석을 얹기도 했다. 나폴레옹 시대의 피어 테이블은 앞 다리가 스핑크스, 험 또는 그리핀 형태이고 뒤에는 거울을 붙여서 대칭성을 확보했다.

이탈리아 콘솔. 조각에 금 도금 장식.
18세기 초반. 87x175x88cm
이탈리아에서는 화려하게 조각된
바로크 스타일의 콘솔이 지배적이었다.

레장스 시대 콘솔. 금 도금 장식. 1720년 무렵.
80x99x61cm
레장스 시대는 바로크와 로코코의 중간 단계로
절제와 균형미가 돋보이는 작품이 많다.
격자 패턴과 에스파뇰렛(깃털 머리 장식이 있는
여자의 마스크), 그리고 꽃과 아칸서스 잎은
이 시대에 대표적으로 쓰이던 모티브이다.

루이 15세 시대의 콘솔.
1750년 무렵. 87x163x72cm.
이 콘솔은 상판의 형태가 곡선이면서 레장스 시대의 콘솔보다 덜 대칭적이다. 콘솔 다리에 있는 용과 같이 풍부한 상상력이 발휘된 모티브와 더불어 조개, 꽃, 잎사귀와 같이 자연주의적인 모티브로 이루어져 있다.

조지 2세 시대 콘솔.
조각에 금 도금, 대리석 상판. 1740년 무렵.
86.4x124.5x47cm .
돌고래와 조개는 넵튠과 비너스의 상징으로서 모두 물을 의미한다. 윌리엄 켄트의 디자인에서 비롯된 팔라디언 스타일에서 자주 쓰이는 모티브이다. 웅장하게 조각된 점은 이탈리아 바로크 스타일의 영향이며 두꺼운 받침 위에 놓여 있는 것은 켄트 스타일의 콘솔에서 볼 수 있는 특징이다.

조지 3세 시대의 새틴우드 피어 테이블.
1785년 무렵.
윌리엄 무어 제작으로 추정됨. 아일랜드.
91.4x129.5x53.3cm
반달 형태의 테이블 모양과 갈수록 좁아지는 직선의 다리는 신고전주의 스타일의 전형적인 예다.

나폴레옹 시대 마호가니 콘솔.
1810년 무렵.
JACOB FRÉRES, RUE MESLÉE 마크.
101×132×42cm
얇은 오물루를 부분적으로 사용했으며
앞다리는 스핑크스 형태와 같이 장식적으로 표현했고
뒷쪽에는 거울을 붙여 대칭성을 확보했다.

리젠시 시대의 피어 거울과 테이블.
금 도금. 석고 조각에 브론즈 모방 칠.
S. CHENU 제작. 1805년 무렵.
224×109×46cm.
나폴레옹이 이집트를 정복한 뒤로 엠파이어 스타일과
리젠시 스타일에서 모두 이집트 풍이 크게 유행했다.
스핑크스와 이집트 상형 문자를 장식 모티브로 널리
사용하였다.

센터 테이블

콘솔과 함께 장식성이 두드러지는 것으로 센터 테이블center table을 들 수 있다. 벽에 붙여 두는 콘솔이나 피어 테이블과는 달리 이름 그대로 방 한가운데에 두기 때문에 가구 전체에 골고루 장식이 되어 있다. 18세기 중반까지는 가구를 모두 벽면에 배치했기 때문에, 센터 테이블은 19세기에 태어난 것으로 볼

가구를 탐색하다 153

수 있다. 19세기 영국, 프랑스, 이탈리아의 센터 테이블은 조각, 마케트리, 오물루, 대리석 등 갖가지 화려한 장식이 모두 망라된 것이 많다. 프랑스의 19세기 센터 테이블은 루이 15세와 루이 16세 시대, 곧, 로코코와 신고전주의 스타일이 리바이벌 된 것이 주를 이루었다. 이탈리아에서는 조각에 금 도금 장식, 피에트레 듀레 상판이나 이를 모방한 스캐이올라scagliola 기법(로마 시대부터 사용된 기법으로서 가루 낸 대리석을 젖은 석고판 위에 문양대로 바르고 가열, 압착한 뒤 갈아내는 방법으로, 대리석이나 피에트레 듀레를 모방한 기법)을 사용한 것도 있다.

리젠시 시대 로즈우드 센터 테이블.
놋쇠 테두리. 1815년 무렵.
높이 73cm, 직경 133cm

빅토리아 시대의 월넛 마케트리 센터 테이블.
1845년 무렵, 높이 7 5cm, 직경 136cm
복잡하고 화려한 마케트리 문양과 과감한 곡선의
캐브리올 다리는 로코코 리바이벌 스타일이다.

비더마이어 월넛 센터 테이블.
부분 도금. 1820년 무렵.
81.3x102.9x67.9cm
여러 가지 기하학적인 형태로 이루어진
테이블로서 장식이 거의 없다.

마케트리. 파케트리.
오물루 장식의 센터 테이블.
프랑스. 1890년 무렵.
높이 74cm, 직경 74cm
루이 15세, 16세 스타일이 복합적으로
어우러진 19세기 후반에 자주 볼 수 있는
테이블이다.

킹우드 센터 테이블.
마케트리. 오물루 장식. 프랑스.
1855년 무렵. 77x128x78cm
다소 무겁고 장식성이 매우 강한 이것은
당시 중산층의 취향에 잘 맞았다.

피에트레 듀레 센터 테이블.
금 도금 장식.
쥐세페 몬텔라티치Giuseppe Montelatici 제작.
피렌체. 1870년 무렵.
높이 80cm, 직경 86cm
피에트레 듀레 상판과 그로테스크 형태의 삼발이 받침은 르네상스 리바이벌로 해석될 수 있다.

서빙 테이블과 사이드보드

　서빙 테이블serving table은 식탁 맞은편에 두고 음식과 식기를 서빙할 때 쓰이는 테이블로서 18세기에 들어서서 본격적으로 사용됐다. 중세에서 17세기에 이르기까지는 서빙 테이블 대신 뷔페buffet나 사이드보드, 코트 커보드 등이 쓰였다. 18세기 초반의 서빙 테이블은 스타일이 이 시대의 콘솔이나 피어 테이블과 비슷하다. '사이드보드' 디자인은 18세기 중반 치펜데일의 디자인 책에 나오는데 다른 가구들과 마찬가지로 로코코, 고딕, 그리고 중국풍이 포함되어 있고 주로 마호가니로 제작했다. 1760년대에 이르러 서빙 테이블은 받침대인 페디스털pedestal이 그 위에 올려놓는 단지인 언urn과 함께 한 조를 이루어 사용되었다.

왼쪽
아담의 서빙 테이블.
언과 페디스털 디자인.

오른쪽
조지 3세 시대의 마호가니 페디스털.
179x47cm.
언은 그보다 후대의 것이다.

이 서빙 테이블은 당시에 '사이드보드 테이블' 또는 '사이드보드'라고 부르기도 했다. 언은 마실 얼음물이나 식기 씻을 물을 담아 두는 용도로도 썼고, 포크와 나이프를 수납하는 통으로도 쓰였다. 언을 받치는 페디스털은 접시를 수납하고 따뜻하게 데우는 데에 쓰였다. 또 긴 식사 시간 동안의 생리적인 욕구를 해결하기 위해서 다소 비위생적이지만 요강을 수납하기도 했다. 식사 중에 하인에게 요강을 내줄 것을 요구해서 한쪽 구석에서 볼일을 보는 모습은 오늘날에는 상상하기 어려운 재미있는 식사 문화다.

이렇게 따로 분리되어 있던 언과 페디스털을 서빙 테이블과 통합시킨 디자인은 랭커스터의 길로우사(Gillow of Lancaster)에서 처음 제작했는데, 이것을 일러 '사이드보드'라고 했다. 결국 사이드보드는 커보드와 서랍을 갖춘 서빙 테이블이라고 할 수 있다. 오늘날 사이드보드라고 하면 테이블보다는 막혀 있는 커보드의 형태를 떠올리게 된다. 18세기 후반의 사이드보드는 신고전주의 스타일로 제작되었고 보통 여섯 개의 다리가 있었다. 19세기 초반에 들어서면 이것이 페디스털 형태로 바뀌면서 디자인이 간소해졌다.

조지 3세 시대의 마호가니 서빙 테이블. 1790년 무렵. 90.8x179.5x80.5cm

조지 3세 시대의 마호가니 사이드보드.
1780년 무렵. 90x182x56cm.
헤플화이트 스타일의 사이드보드로서 대표적인
제작사로는 길로우Gillow를 들 수 있다.

리젠시 시대의 마호가니 페디스털 사이드보드.
1820년 무렵. 138x200x56cm

티 테이블과 트라이포드 테이블

차와 커피는 1660년 무렵에 귀족들 사이에서 처음으로 마시기 시작하였으며, 오늘날의 카페에 해당하는 커피 하우스에서 즐겨 마셨다. 1679년 햄 하우스의 로더데일 백작 부인의 재산 목록에는 차 도구들이 상세히 기록되어 있어 이것이 중요한 재산의 하나였음을 알 수 있다. 18세기에 들어서면서 차(tea)는 일상 생활 속에서 빼놓을 수 없는 문화로 자리잡았고 이 때문에 티 테이블tea table의 수요가 급격하게 늘어났다. 처음에 차는 은제 차 주전자와 중국산 찻잔을 은 쟁반에 받쳐 서빙했기 때문에 이것을 올려놓는 테이블은 단순한 받침의 형태로 족했다. 다리가 세 개인 '트라이포드tripod' 형태의 테이블을 주로 사용하였기 때문에 이것을 일반적으로 티 테이블이라고 부른다. 그렇지만 사각형의 테이블도 종종 사용되었다.

18세기 전반, 대략 1745년 이전의 티 테이블의 형태는 상판과 다리가 매우 단순한 것이 특징인데 오늘날까지 남아 있는 것이 많지 않다. 치펜데일 시대에 이르면 상판의 모양은 파이처럼 만들고, 기둥과 다리에는 조각을 하는 것이 보통이었다. 이러한 형태의 티 테이블은 1770년대에 미국 필라델피아에서 크게 유행하기도 했다. 트라이포드 테이블은 사용하지 않을 때에는 상판을 수직으로 세워 둘 수 있어 공간 활용도가 높았다. 상판을 세우기 위해서는 똑딱 단추를 누르는 것이 보통이지만 좀더 정교한 것은 받침 기둥의 맨 위에 마치 새장처럼 생긴 장치(birdcage)가 달려 있어

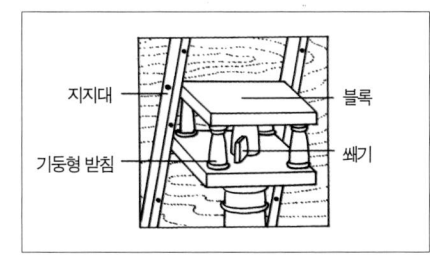

버드케이지 장치.

테이블 상판을 부드럽게 돌려 가며 다른 사람에게 다과를 권할 수 있을 뿐만 아니라 여기에 내장된 막대기를 당기면 상판을 수직으로 세울 수 있었다.

리젠시 시대에는 트라이포드 테이블의 크기가 앞 시대에 비해 작고, 기둥에 보빈 터닝(실 감는 북처럼 동글동글하게 돌려 깎은 것)이 있으며, 받침 부분은 흑단 칠을 한 것이 많다. 이처럼 전체 또는 부분을 검게 칠한 것은 고대 그리스의 벽화 색상을 차용한 것으로서 이 시대의 다른 가구에서도 흔히 볼 수 있다. 19세기의 티 테이블은 여러 가지 리바이벌 스타일로 제작되었고, 치펜데일 스타일이 유행하기도 했으나 그것의 전성기였던 18세기만큼에는 미치지 못하였다. 산스크리트어로 '세 개의 발'을 의미하는 '티포이teapoy'는 보석함과 같

이 사각형의 상자에 받침이 달린 형태로서 차와 도구를 담는 용기였다. 이것은 리젠시 시대에 크게 유행하였는데 처음에는 무역을 통해 인도에서 수입하다가 그 뒤로 영국에서 직접 만들었다.

조지 2세 시대의 마호가니 트라이포드 테이블.
버드케이지(새장) 장치. 1745년 무렵.
높이 73cm, 직경 89cm

조지 3세 시대의 버드케이지 장치 트라이포드 테이블.
1760년 무렵. 높이 72cm, 직경 66cm
파이 주름 형태의 테두리와 다리에 조각된 점이
조지 2세 시대의 것보다 장식적이다.

조지 3세 시대의 마호가니 티 테이블.
1760년 무렵. 71.5x91x45.5cm
접이식 테이블로서 뒷다리를 벌리고 상판을 펴는 형태다.

리젠시 시대의 티포이. 로즈우드에 놋쇠 상감.
1810년 무렵. 73x41x38cm

게임 테이블과 워크 테이블

차를 마시면서 카드 놀이 같은 게임을 하는 것은 남녀노소 모두가 함께 즐기던 18세기의 대표적인 귀족 문화였다. 카드 놀이 전용 테이블이 처음 나온 것은 17세기 말이다. 일반적으로 사각형에 게이트렉과 같은 다리를 펼친 뒤, 반으로 접힌 상판을 펼쳐 썼다. 속에는 보통 당구대처럼 초록색의 천이 깔려 있고, 저녁에 게임을 할 때 불을 밝히기 위해서 테이블의 네 모서리에는 접시 형태의 촛대 받침도 조각되어 있다. 상판을 펼치는 방식이 조금

콘체르티나 구조.

더 정교한 것이 이른바 '콘체르티나concertina' 구조다. 이것은 경첩이 달린 뒷다리를 당겨 넓혀서 상판을 받칠 수 있는 구조이다.

프랑스의 게임 테이블은 거의 대부분 마케트리로 장식했고, 영국은 거의 월넛, 마호가니 등의 원목과 무늬목으로 만들었다. 1770년대 영국은 궁전에서는 게임을 하지 못하도록 금지했으나 별 효과를 거두지 못하였다. 그만큼 지배 계층 사이에서 게임이 인기가 높았다. 1770-80년대에는 신고전주의 스타일이 유행하면서 반달형의 카드 테이블이 많이 나왔다. 19세기에는 받침이 기둥 형태로 바뀌면서 형태가 좀더 간소해졌다. 빅토리아 시대에는 사각형 상판의 네 모서리를 봉투처럼 접거나 펼치는 '봉투식(envelope)' 카드 테이블도 제작되었다. 또한 '랜털루lanterloo' 또는 보통 '루loo'라고 부르는 카드 놀이 테이블인 '루 테이블loo table'도 크게 유행했다. 여덟 명이 둘러앉을 수 있는 이 테이블은 대부분 타원형이고 더러 육각형인 것도 있었다. 루 테이블은 브렉퍼스트 테이블로도 사용되었기 때문에 오늘날 그 둘을 구분하는 것은 명확하지 않다. 테이블 상판의 마케트리 장식은 기계로 커팅하였는데, 이것은 수공으로 한 것보다 문양이 훨씬 가늘고 복잡하다. 깔쭉 무늬 월넛(버 월넛)으로 무늬목을 붙인 것도 있다.

18세기 후반에 처음 나온 워크 테이블work table은 '바느질 테이블(sewing table)'이라고도 하는데, 여자들이 바느질감을 수납하기 위한 작은 테이블이다. 때로는 게임 테이블과 겸용인 것도 있어 상판에는 체스판이 상감되어 있고 아래에는 보통 서랍식 실크 바구니가 달려 있다. 패브릭 바구니는 뒤에 새것으로 교체된 것도 많지만 앤틱으로서의 가치에 크게 지장을 주지는 않는다. 리젠시 시대에는 로즈우드에 놋쇠를 상감한 워크 테이블이 일반적이었다. 19세기 중반에는 불 마케트리 (17세기 프랑스 가구 제작자 앙드레 샤를르 불A. C. Boulle의 기법이 부활된 것으로서 통상 'Buhl'이라고 표기했다) 기법으로 제작한 화려한 게임 테이블이나 워크 테이블도 있다. 1860년 무렵부터 육각형의 상판에 깔대기 형태의 서랍이 달린 것도 유행했다.

퀸 앤 시대 깔쭉 무늬 월넛 카드 테이블.
1710년 무렵. 74x84cm

조지 3세 시대의
새틴우드 반달형 카드 테이블.
마케트리 장식.
1780년 무렵. 74x102x50.5cm

조지 4세 시대의
게임 및 워크 겸용 테이블. 로즈우드.
1825년 무렵. 74x78x45cm
서랍식 실크 바구니가 달려 있다.

빅토리아 시대의 깔쭉 무늬 월넛 루 테이블.
1865년 무렵. 너비91cm
카드 놀이용 테이블이지만
브렉퍼스트 테이블로도 사용되었다.

나폴레옹 3세 시대의
'불 스타일' 게임 테이블.
흑단. 거북 등껍질. 오물루 장식.
1880년 무렵. 76x93x48cm

빅토리아 시대의 육각형 바느질용 테이블.
로즈우드. 1870년 무렵. 51cm
깔대기 형태의 서랍이 있고 주로 월넛으로
제작되었다.

사이드 테이블과 간이 테이블

테이블 중에서 가장 광범위하게 이름 붙여진 것은 아마도 사이드 테이블일 것이다. 크기가 식탁보다 작고 여러 용도로 쓸 수 있도록 제작되었기 때문에 형태와 종류가 매우 다양하다. 특히 조각, 금 도금, 마케트리 기법 등으로 장식된 18세기의 사이드 테이블은 차나 커피를 마시는 데에 사용되었고 귀족들의 필수품으로서 매우 중요한 아이템이었다. 그 밖에 크고 작은 테이블들이 일상 생활에서 많이 사용되었다. '쾨르테토quartetto'라고도 불리는 네스트 테이블 nest of tables은 간이 테이블 가운데 수납하기도 좋고 가장 실용적이다. 18세기 말에 처음 나온 이 네스트 테이블은 본디 네 개의 테이블이 한 조를 이루는 것이 보통이지만 세 개로만 이루어진 것도 많다. 각각의 테이블은 필요에 따라 손님 앞으로 빼내어 놓고 쓸 수도 있어서 편리하다.

이와 같은 보조 테이블은 프랑스 가구에서도 많이 볼 수 있다. 18세기 프랑스에서는 대리석을 얹은 작은 테이블인 '게리동gueridon'을 자주 사용했다. 게리동은 사교 모임과 살롱 활동 그리고 차 문화에서 없어서는 안 될 중요한 아이템이었다. 마르탱 칼랭Martin Carlin(?-1785)과 같은 가구 제작자들은 뜨거운 것을 놓아도 상관 없도록 세브르 도자기를 상판에 접합시키기도 했다. 프랑스의 게리동은 19세기에 영국에 불어닥친 프랑스 가구 스타일의 열풍을 타고 대량으로 제작되기도 했다.

거실이나 방에서 주로 사용하는 것과 달리 마차나 기차 안 또는 야외에서 사용하기 위한 테이블도 있었다. '코치 테이블coach table'이라고 부르는 이 테이블은 상판의 한가운데에 경첩이 달려 있어 반으로 접을 수 있다. 다리도 'X'자 형태여서 접었을 때 부피가 적다. 19세기 중후반에 주로 마호가니로 제작되었으며 장식이 거의 없다. 플라스틱이나 철제로 제작된 오늘날의 야외용 가구보다 훨씬 운치가 있다.

찰스 2세 시대의 오크 사이드 테이블.
17세기 후반. 75x91x58cm.
이 시대에는 기하학적인 패널 형태의 서랍과
나선형 꽈배기 다리가 유행했다.
다리와 다리 사이에는 연결부가 있는 것이 보통이다.

윌리엄 앤드 메리 시대의 월넛 사이드 테이블.
해초 무늬목 장식.
1690년 무렵. 73x101x70cm
분할된 면에 마케트리 장식을 한 것과
다리 사이의 'H'자 연결부는 프랑스의 영향을
간접으로 보여준다.

옆의 월넛 사이드 테이블의 상판.

퀸 앤 시대의 사이드 테이블.
금 도금 장식.
1710년 무렵. 78x91x52cm.
금 도금 기법은 18세기 초반 영국에서
새로이 시도된 기법이다. 마케트리 기법과 더불어
프랑스와 네덜란드의 장인들에 의해
처음 소개되었다. 다리 사이의 앞치마 같은 조각은
프랑스 바로크 스타일의 그것과 유사하다.

조지 2세 시대의 오크 사이드 테이블.
1745년 무렵. 69x77x48cm.
가운데에는 얕은 서랍이 좌우 양쪽에는 깊은 서랍이 있는
이와 같은 테이블을 '로우보이lowboy'라고도 부른다.
이것은 티 테이블로도, 화장대로도 쓰였다.

조지 3세 시대의 마호가니 네스트 테이블.
1800년 무렵.
높이 71cm, 너비 50.5cm(가장 큰 테이블 기준)
원래는 네 개로 구성되어 있지만 세 개로만 이루어진 것이
더 많다. 19세기 초반의 예는 드물다.

엠파이어 시대의 브론즈 대리석 상판 게리동.
야콥 데스몰터François-Honoré-George
Jacob-Desmalter 제작.
1805-1810년 무렵. 높이 79.5cm, 직경 66cm
야콥 데스몰터는 18세기 후반 최고의 명성을 누렸던
조르쥬 야콥Georges Jacob의 아들로서
엠파이어 시대의 대표적인 가구 제작자이다.

빅토리아 시대의 파피에 마쉐 테이블.
라커 칠에 채색. 자개 장식.
19세기. 높이 67cm, 상판 65x55cm
사실적인 꽃 문양과 화려한 테두리 문양 그리고
장식적인 형태는 빅토리아 시대 가구의 전형적인 예다.

빅토리아 시대의 마호가니 코치 테이블.
19세기 중반. 76x97x70cm
상판 가운데에 경첩이 있어 반으로 접을 수 있다.

화장대

화장대dressing table는 '여성 전용품'이라고 해도 과언이 아니기 때문에 시대마다 여자들의 취향을 잘 반영해 왔다. 화장대가 오늘날과 같은 형태, 곧, 테이블에 거울이 달린 모양새를 갖추기까지는 꽤 오랜 시간이 걸렸다. 1730년대 한 프랑스 귀족 여자가 몸단장하는 것을 묘사한 그림에서 볼 수 있듯이, 당시에는 독립된 화장대 대신 보를 씌운 테이블과 화장용 거울이 사용되었다.

장 프랑수아 드트로이 Jean-François Detroy (1679-1752)가 그린 '화장을 하고 있는 여인'. 1734년 무렵.

이 때에만 해도 테이블에 화려한 천을 씌우고 갖가지 화장 용기와 도구들을 올려놓았기 때문에 가구 자체의 중요성은 그리 부각되지 않았다. 영국의 경우에는 18세기 초반까지 로우보이lowboy가 주로 쓰였고, 드물게는 뷰로bureau에 화장 거울이 부착된 예도 있었으나, 화장 전용 테이블은 18세기 중반에 들어서서야 비로소 본격적으로 만들어졌다. 치펜데일의 디자인 책에는 '토일렛 테이블toylet table'이라고 구어체로 표기된 화장대가 나온다. 프랑스의 로코코 스타일 화장대는 당시 사이드 테이블과 마찬가지로 화려한 마케트리나 파케트리로 장식되었고 거울이 테이블 상판의 한가운데 내장된 형식이었다. 이것을 '쿠아푀즈coiffeuse'라고 불렀는데, 머리 치장을 뜻하는 말에서 파생되어 화장대라는 뜻으로 쓰게 된 그 이름에서도 알 수 있듯이, 당시 귀족 여자들 사이에서 유행한 높은 올림 머리를 매만지는 데에 사용되었다. 가운데 서랍 위에 있는 슬라이딩 판에는 머리핀이나 빗을 놓았고 양쪽의 칸에는 파우더나 화장품을 수납했다. 화장대를 가리키는 말로는, '쿠아푀즈'와 함께 얼굴에 바르는 분을 뜻하는 말에서 파생된 '푸드뢰즈poudreuse'라는 용어도 19세기부터 프랑스에서 사용되었다.

18세기 후반에는 좀더 다양한 형태의 화장대를 사용하였는데 헤플화이트와 셰러턴의 가구 디자인 책(The Cabinet-Maker and Upholsterer's Guide 1788-94)에도 신고전주의 스타일의 우아한 화장대 디자인이 있다. 그러나 거울이 바깥으로 나와 있고 각도를 조정할 수 있는 것은 1800년대에 들어서서 본격적으로 그 모습을 갖추었다. 프랑스의 엠파이어 스타일의 화장대는 기하학적인 형태에 단순한 오물루 장식이 있었다. 주로 마호가니로 제작되었고 테이블 상판에 대리석을 깔기도 했다. 마호가니로 제작된 19세기 초반의 영국 화장대 가운데에는 과거의 로우보이처럼 거울이 아예 딸려 있지 않은 것도 있다. 이것은 접이식 거울과 함께 쓰도록 되어 있었는데 당시의 사이드보드와 그 형태가 비슷하다. 다만 테이블 삼면에 낮게 솟은 갤러리가 있고 대개 유리를 깔고 사용했다.

빅토리아 시대와 에드워디언 시대에는 화장대가 침대, 옷장과 더불어 침실용 가구에서 빼놓을 수 없는 품목이었으며 오늘날과 같이 침실 가구 세트의 하나로 제작되었다. 빅토리아 시대에는 특히 로코코 리바이벌 스타일의 '뒤체스duchess'라고 불리는 것이 각광받았다. 이것은 주로 월넛으로 만들었으며 다른 시대의 화장대보다 매우 컸다. 또 타원형의 거울이 있으며 굵은 캐브리올 다리에 조각이 되어 있다. 지역을 막론하고 무늬목과 오물루 장식 그리고 도자기가 접목된 것을 비롯하여 프랑스 풍의 화장대가 큰 인기를 누렸는데, 이를 통해

19세기에 유행한 여러 가지 리바이벌 스타일 가운데 로코코 스타일이 여자들 사이에서 가장 인기가 좋았음을 알 수 있다. 에드워디언 시대에는 주로 마호가니에 새틴우드로 상감된 것이 많았고 신고전주의 스타일이 리바이벌되었기 때문에 선이 가는 것이 특징이다. 로버트 아담, 헤플화이트와 같은 디자이너들의 문양이 상감되기도 했다.

조지1세 시대의 월넛 로우보이.
1720년 무렵. 74x77x46cm

루이 15세 시대의 쿠아피즈.
아마란쓰. 새틴우드 파케트리.
1750년 무렵. 76x89x52cm

조지 3세 시대의 새틴우드 화장대.
팔리산더 띠 장식. 영국. 1790-1795년 무렵.
87x119(열었을 때 너비)x49cm

엠파이어 시대의 마호가니 화장대.
오물루 장식. 19세기 초. 높이 1.3m

가구를 탐색하다　173

리젠시 시대의 마호가니 화장대.
오물루 장식. 19세기 초. 높이 1.3m
이것과 형태는 똑같지만 상판의 타일이 붙어 있는
것도 있는데 그것은 세면대washstand로
사용되었다.

빅토리아 시대의 월넛 무늬목 뒤체스.
1870년 무렵.
크기가 크고 조각 장식이 화려하다.

프랑스 로코코 리바이벌 스타일 마호가니 화장대.
1890년 무렵. 174x123x62cm
오늘날의 화장대처럼 거울이 딸려 있고
18세기의 그것에 비해 훨씬 더 장식적이다.

에드워디언 시대의 마호가니 화장대. 1900년 무렵.
신고전주의 스타일이 리바이벌되어 선이 가늘다.

수납 가구

    가구의 가장 큰 기능을 꼽으라면 단연 '수납'일 것이다. 초기 수납용 가구는 그저 물건을 담아 보관하는 함에 지나지 않았다. 통나무를 잘라 속을 파내고 뚜껑을 덮은 형태가 그것이다. 여행용 가방을 의미하는 '트렁크trunk'라는 어휘도 이 나무 통과 연관이 깊다. 여기에서 발전하여 궤짝 같은 함인 코퍼가 생겨났다. 이것은 널빤지를 이어 직육면체의 함을 만들고 위에 뚜껑을 달아 만든 것이다. 가방처럼 들 수 있도록 양쪽에 손잡이가 달린 것도 많았다. 형태는 단순하기 그지 없지만 용도는 매우 다양해서 이를테면 오늘날의 시스템 가구의 원조라고 볼 수 있다.

코퍼와 카소네

코퍼coffer는 그 자체를 수납장으로 쓸 수 있을 뿐만 아니라, 방석을 얹으면 의자로도 쓸 수 있었고, 나아가서는 이것을 두 개 이상 붙여서 침대로 쓰기도 했다.

코퍼의 구조는 크게 두 가지로 나뉜다. 긴 판자를 얽어 만든 것과, 먼저 틀을 짜고 그 안에 작은 판자를 끼워 만든 것이 있다. 후자의 '틀과 판frame and panel' 구조를 지닌 코퍼는 약 15세기 무렵에 처음 제작되어 그 뒤로 수백 년 동안 널리 만들어지고 사용되었다. 디자인의 변화도 거의 없어서 코퍼의 연대를 정확하게 알아내기는 여간 어렵지 않다. 코퍼는 대부분 오크로 만들어졌고 남부 유럽에서는 월넛도 흔히 사용되었다. 여기에 조각을 하여 장식하는 것이 보통이었지만 지역에 따라 그림을 그리거나 상감을 한 것도 있었다.

엘리자벳 시대 오크 코퍼.
16세기 후반.
69x 115x 45cm
여섯 개의 판자로 이루어진 코퍼의 앞면에는 조각 장식이 된 세 개의 판이 끼워져 있는 것이 보통이다. 이것은
리넨 폴드 문양(천을 차곡차곡 갠 듯한 문양으로서
고딕 양식의 대표적인 모티브)이 섬세하게 조각되어 있다.

코퍼와 같은 함을 이탈리아에서는 '카소네cassone'라고 불렀고 일종의 혼수용 가구로서 매우 중요하게 여겼다. 장정 하나는 너끈히 누울 수 있을 정도 크기의 긴 직육면체 모양인 이것은 신부측에서 신랑측에 보내는 함으로서, 보통 신랑, 신부용으로 한 쌍을 제작하곤 했다. 그러나 메디치와 같은 명망 있는 가문에서는 여러 쌍을 만들어 그 속에 갖가지 패물과 비단을 채워 신랑집으로 보냈는데 그 행렬 또한 성대했다. 카소네는 이탈리아 전역에서 제작되었고 특히 피렌체, 로마, 베니스가 주요 생산지였다. 반듯한 직육면체나 옆면이 볼록하게 튀어나온 형태의 카소네는 전형적인 르네상스 시대의 것인데 이것은 모두 고대 로마의 대리석 관의 형태에서 유래한 것이다. 시신을 안치하는 '사이코퍼거스 sarcophagus'라고 불리는 이 석관 형태가 카소네의 모델이 된 점이 다소 의아하지만, 고전주의를 부활시킨 르네상스 시대가 석관과 같은 클래식한 형태를 함의 모델로 삼은 것은 일견 자연스러워 보인다. 카소네는 그 둘레를 고대 로마 건물의 프리즈처럼 고전적인 몰딩으로 장식하여 장식 모티브에 있어서도 고전미를 물씬 풍겼다. 예컨대 에그 앤드 다트, 플루팅, 아칸서스 잎, 그로테스크 문양과 같은 것들이 그 전형적인 예다.

월넛 카소네.
부분 도금과 페인팅 장식.
1600년 무렵.
사자 발 아래의 번은 후대의 것이다.

카소네의 제작 기법을 살펴보면 우선 뚜껑이나 테두리는 그로테스크를 비롯한 여러 문양을 일명 '파스틸리아pastiglia 기법'으로 도드라지도록 표현했다. 이것은 원래 고대의 벽 장식에 사용된 기법으로서 나무에 천을 붙이고 석고를 발라 문양을 조각하고 도금하는 기법이다. 피렌체의 카소네는 앞판에 우첼로, 리피, 보티첼리와 같은 당대의 쟁쟁한 화가들이 직접 그림을 그려 넣은 경우도 많았다. 이들은 보카치오나 오비드의 문학 작품이나 성경 속의 이야기를 주로 묘사했고, 당시 최신 화법이던 '원근법'으로 훨씬 입체적이고 사실적으로 그렸다. 한편 베니스와 롬바르디아 지역에서는 상아를 정교하게 상감하는 '체르토시나certosina' 기법으로 장식한 카소네가 제작되었다. 이 기법은 본디 이슬람 지역이 그 원산지다. 월넛 바탕에 상아로 상감한 기하학적인 무늬는 마치 하얀 눈꽃이 피어 있는 듯한 것이 이색적이고도 독특한 아름다움을 지닌다.

카소네. 체르토시나 기법. 롬바르디아 또는 베니스 지역. 16세기.

카소네로 대표되는 코퍼의 가장 큰 단점은 맨 아래에 넣어 둔 물건을 꺼내려면 그 위의 것도 모두 끄집어내야 한다는 점이다. 이러한 단점을 해결하고 필요한 것만 따로 분리해서 보관하고 꺼내기 위해서 서랍이 고안되었다. 서랍은 16세기 중반부터 눈에 띄기 시작하였고, 17세기부터는 서랍장이 본격적으로 사용되었다. 코퍼와 서랍장의 중간 단계로 볼 수 있는 것이 '뮬 체스트mule chest'이다.

오크 '뮬 체스트'. 코퍼와 서랍장이 결합된 형태의 수납장이다. 18세기 중반. 높이90cm

가구를 탐색하다

체스트와 코모드

뮬 체스트에서 발전된 초기의 서랍장은 주로 오크로 만들어졌고 마치 두 개의 코퍼를 얹어놓은 듯 두 부분을 결합하여 만들었다. 처음에는 경계선에 두꺼운 몰딩이 있었으나 점차 하나의 가구 형태로 발전해 나갔다. 초기의 오크 서랍장은 앞면이 기하학적인 몰딩으로 처리된 것이 많았고, 때로는 여러 과수목으로 상감하기도 했다. 오크의 뒤를 이어 월넛 서랍장이 유행하면서 '네 쪽 무늬목quarter veneering', '굴 껍질 무늬목oyster veneering', 그리고 '해초 무늬목seaweed veneering' 기법 등 무늬목을 다양한 방식으로 붙인 것이 선보였다. 19세기 이전에 제작된 서랍장은 손으로 목재를 잘랐기 때문에 서랍의 옆면에 일자로 톱자국이 나 있고 '비둘기 꼬리 이음dovetail'은 그 크기가 다소 불규칙하고 연필이나 송곳으로 표시한 맞춤선도 볼 수 있다.

영국의 '총각 서랍장bachelors' chest'은 그 이름만큼이나 형태가 독특하다. 이것은 원래 총각의 침실에서 사용되던 것으로서 본디 기능인 서랍장은 물론 책상, 화장대의 역할까지도 아우른 다용도 가구였다. 17세기 후반부터 18세기 전반까지 널리 사용되었고, 보통 서랍장보다는 그 크기가 작고 주로 월넛으로 제작되었다. 1730년 무렵부터는 마호가니가 원목 또는 무늬목으로 사용되기 시작했다. 치펜데일Thomas Chippendale의 전성기였던 18세기 중반에는 로코코 스타일의 영향으로 앞면이 구불구불한 형태의 체스트가 유행했다.

프랑스에서는 서랍장을 '코모드commode'라고 불렀다. 이것은 영국의 '체스트'와 기능은 같지만 제작 방식과 장식 기법이 달랐다. 프랑스어로 '편리한'이란 의미를 지닌 이것은 앙드레 샤를르 불이 석관 형태의 코모드를 처음 제작한 이래로 파리 귀족들 사이에서 애장품으로 자리잡았다. 영국에서도 '코모드'란 용어가 18세기부터 사용되었는데, 프랑스 스타일의 영향을 받은 서랍장은 물론이고 사이드 캐비닛의 형태까지도 코모드라고 불렀다. 그뿐만 아니라 요강을 수납하는 뚜껑 달린 의자를 '코모드 체어commode chair'라고 했고, '나이트 코모드night commode', 이를 줄여서 부른 '코모드commode'는 요강을 수납해 두던 침대 협탁을 일컫는 말이었다. 후자의 경우 서랍장과는 대별되므로 오늘날에는 이것을 주로 '나이트 테이블night table'이라고 부른다.

조지 3세 시대의 헤어우드 코모드. 마케트리 장식. 18세기 후반. 96x122x51cm 꽃줄, 종꽃, 꽃병 모티브가 마케트리된 신고전주의 스타일이다.

조지 3세 시대의 마호가니 나이트 코모드(나이트 테이블). 18세기 후반. 76x53x45cm 맨 아래 손잡이를 서랍처럼 당기면 요강을 수납할 수 있도록 구멍이 뚫려 있다.

18세기에 제작된 프랑스의 코모드는 대체로 바탕에는 마케트리와 파케트리 기법으로 표현된 무늬목을, 그리고 손잡이와 모서리, 다리에는 오물루(금 도금된 동)를 부착하고 상판에는 대리석을 얹는 것이 전형적인 형태다. 이것은 유럽의 여러 나라에 큰 영향을 미쳤다. 무늬목 장식 이외에도 중국 칠기를 잘라 만들거나 이를 모방한 재패닝 기법으로도 여러 나라에서 제작되었다(47쪽 아래 그림 참조). 마케트리나 파케트리, 오물루 장식, 그리고 대리석 상판 따위를 주요 장식 요소로 갖춘 파리의 코모드와는 달리, 지방에서 만든 것들은 소박하다. 로코코의 자유로운 곡선의 미는 그대로 따랐지만, 파리의 코모드에 사용된 값비싼 소재는 거의 사용할 수 없었기 때문이다. 예컨대 고가의 수입 무늬목 대신 그 지방의 나무를 사용했고, 손잡이나 모서리의 오물루는 놋쇠로 대체되었는데 그래도 그 형태만큼은 로카이유에 충실했다. 이러한 로코코 스타일의 코모드는 유행에 덜 민감한 지방에서는 18세기 후반에 이르기까지 꾸준히 만들어졌다. 로코코와 신고전주의 스타일의 중간 단계인 '과도기적 스타일Transitional Style'의 코모드는 보통 두 양식의 특징을 모두 갖추고 있다. 가구의 형태가 곡선에서 직선으로 전이되는 중간 단계이므로 곡선의 캐브리올 다리가 다소 어정쩡하게 펴졌고 곡선의 형태에다 직선의 몰딩이 강조되었으며 고전적인 모티브의 오물루 장식이 크게 눈에 띤다.

    로코코 스타일의 자유분방한 형태는 이탈리아의 코모드에서도 잘 나타난다. 배가 볼록한 봄베bombé형 코모드는 특히 베니스와 롬바르디아 지역에서 주로 제작되었다(47쪽 위 그림 참조). 특히 월넛 무늬목이나 라커 칠을 한 코모드가 크게 유행했는데 그 형태와 색감이 밝고 화사한 것이 로코코의 경쾌함을 잘 드러내 보인다. 이탈리아의 신고전주의 스타일은 일명 '마지올리니' 스타일로 불린다. 쥐세페 마지올리니Giuseppe Maggiolini(1738-1814)의 작품은 신고전주의 스타일의 문양과 더불어 섬세한 아라베스크 패턴을 마케트리한 것이 특징이다. 넓은 공간 한가운데에 위치한 타원형의 모티브, 프리즈 형태의 아라베스크 그리고 짧지만 아래로 향할수록 좁은 다리는 전형적인 마지올리니 스타일이다. 18세기 당시 그의 밀라노 공방에서 제작된 가구의 양만 해도 상당했는데, 거기에 더하여 그의 작품을 모방한 아류작도 많이 제작되었으며 19세기에도 마지올리니 스타일의 코모드가 유행했다.

    신고전주의 스타일의 코모드 역시 프랑스의 루이 16세 스타일이 주도했다. 프랑스에서는 마케트리보다는 주로 파케트리 무늬목 장식이 선호되었고 한때 영국의 영향으로 마호가니 원목 가구가 유행하기도 했다. 마호가니 코모드는 엠파이어 시대까지 그 유행이 이어졌는데 이 시대에는 과거와는 매우 다른 느낌으로 오물루가 장식되었다. 얇고 샛노란 오물루가 규칙적으로 군데군데 부착되어 있어 단정하면서도 위엄이 느껴진다. 19세기 초반 독일과 오스트리아 지역의 코모드는 그 형태는 엠파이어 스타일과 같은 맥락을 보인다. 기하학적이면서 반듯한데, 짙은 마호가니 대신 밝은 과수목을 선호했고 오물루 장식이 배제되었다. 따라서 단순한 형태미가 강조되어 오늘날에 보아도 매우 현대적으로 느껴진다.

위에는 두 개의 서랍이, 아래에는 긴 서랍이 있는 빅토리아 시대의 마호가니 체스트는 단순하고 실용적이다. 다리 대신에 바닥에 닿는 두꺼운 단이 있고, 놋쇠보다는 둥근 나무 손잡이가 전형적이다. 웰링턴 체스트는 좁고 가는 형태의 서랍장으로서 양쪽에 쪽문처럼 설치된 긴 막대로 서랍을 잠글 수 있다. 곧, 각각의 서랍을 개별적으로 잠그는 대신 오른쪽 맨 위에 있는 열쇠 구멍 하나로 모든 서랍을 잠글 수 있도록 고안되었다. 한편 원래 식민지 개척 당시에 장교들을 위한 사무용 가구로서 처음 쓰이기 시작한 캠페인 체스트campaign chest는 이동이 간편한 것이 특징인데 뒤에 다양한 용도로 쓰였다. 이것은 겉으로 보기에는 밋밋한 상자처럼 보이고 손잡이도 거추장스럽지 않다. 그러나 서랍을 열면 마치 마술 상자처럼 탁자나 의자 같은 것이 나오는 것도 있어 그 기발한 아이디어가 흥미를 끈다.

찰스 2세 시대 오크 서랍장.
17세기 후반.
104x119x59cm
이러한 스타일의 서랍장은
1675년 무렵부터 제작되었고
서랍의 기하학적인
몰딩 디자인이 특징적이다.

윌리엄 앤드 메리 시대의 월넛 서랍장.
굴 껍질 무늬목 장식. 영국. 1690년 무렵.
94x 97x 58.5cm

조지 1세 시대의 '총각 서랍장'.
월넛과 깔쭉 무늬 월넛 무늬목.
1730년 무렵. 71.5x 76x 36cm
'총각 서랍장'은 보통 크기가 일반 서랍장보다 작고
상판을 펼쳐 식탁 또는 책상으로도 쓸 수 있는
다용도 가구였다.

조지 3세 시대의 치펜데일 마호가니 체스트.
1760년 무렵. 85x 118x 57cm
프랑스 로코코 스타일의 영향을 받았지만
오물루 장식이나 대리석 상판이 없는 것은 프랑스의
코모드와 다르다.

레장스 시대의 석관 형태 코모드.
파케트리 장식. 킹우드 크로스밴딩.
프랑스, 1720년 무렵.
87x 131x 62cm
바로크와 로코코의 중간 단계라고 볼 수 있는
이 코모드는 육중한 형태와 대칭적인 디자인에
로카이유적인(로코코 스타일의 형태) 오물루 장식이
결합되었다.

루이 15세 시대의 코모드.
튤립우드. 아마란쓰. 과수목. 꽃무늬 마케트리.
피에르 루셀Pierre Roussel 제작.
1760년 무렵. 89x 128x 65cm.
꽃무늬 마케트리, 곡선의 형태, 오물루 장식,
그리고 대리석 상판을 가진 전형적인 프랑스 로코코 시대의
코모드다.

프랑스 지방의 월넛 코모드.
놋쇠 장식. 1780년 무렵.
91.5x 126x 57cm
월넛이나 과수목을 사용한 원목 코모드는 무늬목으로
장식된 파리의 것과 확실히 구별된다.

과도기 스타일의 코모드.
자크 로랑 코송Jacques-Laurent Cosson 제작.
파리. 1770년 무렵. 'J.L.Cosson' 마크.
86x 119x 48cm
이 시대의 코모드는 로코코 스타일의 형태에 신고전주의 스타일의 장식이 공존하는 스타일이다.

루이 16세 시대의 마호가니 코모드.
J.H.RIESNER JME 마크. 마운트는 교체됨.
18세기 후반. 87x 100.5x 50cm
직사각형의 단아한 형태미와 기요쉬(꽈배기 문양)를 포함한 고전적인 모티브의 오물루 장식은 신고전주의 스타일을 잘 보여준다. 이 시기에 프랑스에서는 영국의 영향으로 마호가니 원목 가구가 유행하기도 했다.

신고전주의 코모드.
월넛. 아마란쓰. 튤립우드 마케트리.
이탈리아. 18세기 후반.
91x 124x 59cm.
넓은 면에 마치 카메오 판처럼 고전적인 인물을 마케트리한 이러한 코모드는 밀라노를 비롯한 북부 이탈리아에서 주로 제작되었다.

엠파이어 시대의 마호가니 코모드.
'C. LAMARCHAND' 마크.
1800년 무렵. 89x 133.5x 62cm
마호가니 원목 또는 무늬목에 샛노랗고 얇은 오물루 장식이
규칙적으로 배열된 것이 이 시대 코모드의 특징이다.

비더마이어 마호가니 코모드.
독일 북부 지역. 1820년 무렵.
87x78x45cm
엠파이어 시대 코모드와 유사하지만 기하학적인
형태미가 돋보이며 오물루 장식이 배제되었다.

빅토리안 시대의 마호가니 체스트.
1860년 무렵. 높이 1.1m
단단하고 실용적인 빅토리아 시대의 체스트는
중산층 가정에서 널리 사용되었다.
발 대신 두꺼운 밑받침이 있다.

빅토리아 시대의 마호가니 웰링턴 체스트.
1840년 무렵. 121x 61x 48cm.
오른쪽에 있는 긴 막대를 닫아 잠그면 모든 서랍이 동시에 잠가지도록 고안된, 빅토리아 시대의 대표적인 사무용 가구다.

빅토리아 시대의 월넛 캠페인 체스트.
19세기 중반.
캠페인 체스트를 비롯한, 다양한 '캠페인 가구campaign furniture'는 원래 군대에서 사용된 가구로서 해체와 이동이 쉬울 뿐더러 다양한 용도와 기능을 갖춘 것이 많았다.

체스트 온 스탠드와 체스트 온 체스트

서랍장에 받침이나 또 하나의 서랍장을 접목시켜 만든 것이 체스트 온 스탠드chest-on-stand와 체스트 온 체스트chest-on-chest이다. 체스트 온 스탠드는 '하이보이highboy', 그리고 체스트 온 체스트는 '톨보이tallboy'라고 부르기도 한다. 체스트 온 스탠드는 서랍과 스탠드 두 부분으로 나뉘는 것이 보통이며, 체스트 부분은 맨 위쪽은 작은 서랍들로 구성되어 있고 아래로 갈수록 서랍이 깊어진다. 그리고 스탠드 부분은 두세 개의 서랍으로 나뉘어 있다. 17세기 후반에는 주로 월넛 무늬목으로 제작되었고 특히 '버 월넛burr-wulnut (깔쭉무늬 호두나무)'은 그 나뭇결이 독특하여 무늬목으로 각광받았다. 그러나 깔죽무늬 월넛은 병든 나뭇가지에서 생긴 것이라서 그 양이 많지 않았기 때문에 고급 가구에만 쓰였다. 미국에서는 치펜데일 스타일을 바탕으로 한 톨보이가 18세기 후반에 크게 유행했다. 뉴 잉글랜드 지역과 필라델피아 지역은 대표적인 제작지로 손꼽힌다.

조지 1세 시대의 월넛 톨보이.
1720년 무렵. 174x 107cm.

조지 3세 시대 체스트 온 스탠드.
오크, 월넛 띠 장식. 1760년 무렵.
168x 104x 54cm.
건물의 코니스와 같은 몰딩과 서랍 주변의 수직 또는 깃털 문양 띠 장식이 수준이 높은 가구임을 말해 준다.

하이보이. 필라델피아 지역.
1775-80년 무렵.
경쾌한 곡선의 백조 목 형태의 박공과 캐브리올 다리,
그리고 체스트와 스탠드 부분에 조각된 조개와
잎 문양은 전형적인 필라델피아 지역의 특징을 보여준다.

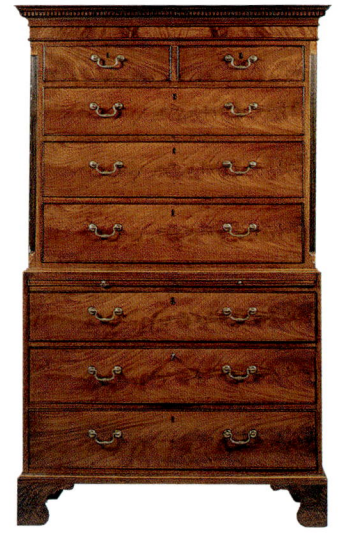

조지 3세 시대의 마호가니 체스트 온 체스트.
1770년 무렵. 188x 112x 57cm.
18세기 후반의 마호가니 체스트와 체스트 온 체스트는
별도의 장식 없이도 나무결이 아름다워 고급스럽다.

캐비닛과 책장

'캐비닛cabinet'이라는 말은 본디 개인의 소장품이나 개인 문서들을 보관하는 작은 방을 의미했으나 차츰 그런 물건을 수납하는 가구로 그 뜻이 바뀌었다. 캐비닛은 부유함의 상징이었거니와 가구 중에서도 가장 정교하고 화려했기 때문에 최고의 솜씨를 가진 장인만이 만들 수 있었다. 그런 까닭에서 캐비닛을 만드는 이들을 가리키는 용어인 'cabinet-maker'가 '가구 제작자'를 뜻하는 용어로 굳어져 오늘날에 이르도록 쓰이는 것이다.

16세기 프랑스에서는 르네상스 스타일의 캐비닛은 주로 2단으로 이루어져 있었으며 윗단의 폭이 아래보다 좁았다. 월넛을 주로 사용하였고 고전적인 인물상이나 기둥 따위와 같은 르네상스 모티브들을 화려하게 조각하였다. 16, 17세기에는 테이블 위에 놓고 사용하는 작은 테이블 캐비닛이 유럽의 여러 지역에서 제작되었는데, 독일의 아우크스부르크Augsburg에서는 상감 기법으로 고대 폐허 도시의 풍경을 묘사한 것이 유명했다. 17세기 네덜란드의 앤트워프Antwerp에서는 흑단에다 동물 뼈나 상아를 상감하여 만든 것이 손꼽힌다. 그것은 이 지역이 당시 스페인령으로서 흑단과 토토쉘(거북 등껍질)로 캐비닛을 만든 스페인 장인들의 영향을 받은 탓이다.

　작은 테이블 캐비닛에서 큰 규모의 캐비닛으로 발전한 것은 바로크 시대이다. 이 때는 캐비닛의 전성기라고 할 만큼 화려하고 다양한 캐비닛이 선보였다. 앤트워프 지역에서는 흑단과 상아로 만들던 기존의 테이블 캐비닛 기술에다 토토쉘까지 사용해 색상만으로도 화려하기 그지없는 캐비닛을 만들었다(43쪽 위의 그림 참조). 흑단 캐비닛은 17세기 프랑스에서도 볼 수 있다. 흑단은 워낙 다루기가 까다로운 목재여서 흑단을 잘 다루면 가구의 장인으로 인정받을 정도였다. 그리하여 이 때부터 프랑스에서는 '에베니스트ébéniste(에보니 곧 흑단을 잘 다루는 사람)'라는 용어가 '가구 제작자'의 뜻으로 통용되어 왔다.

　한편 네덜란드 북부의 암스테르담이나 헤이그와 같은 개신교 지역에서는 앤트워프와 같은 카톨릭 지역과는 사뭇 다른 스타일을 선보였다. 곧, 여러 가지 무늬목을 사용하여 꽃무늬 마케트리로 장식한 캐비닛이 이 지역의 대표적인 작품이었다. 그런 한편 동인도회사에서 들여온 중국과 일본의 칠기 함을 응용한 새로운 서양식 캐비닛을 제작하기도 했다. 이를테면 바로크 양식으로 조각한 받침에 동양에서 수입한 귀한 칠기 함을 얹고 때로는 그 위에 왕관 같은 조각 장식을 더하고는 했다(43쪽 위의 그림 참조). 이러한 라커(칠기) 캐비닛은 주로 영국, 네덜란드 그리고 독일 지역에서 제작되었다.

　칠기 캐비닛의 수요가 늘자 이를 모방한 서양식 칠기 가구도 생겼는데 이것은 옻칠을 한 동양의 것과는 차원이 달랐다. 서양에서 개발한 칠 기법은 나라마다 그 이름이 서로 다른데 영국에서는 '재패닝Jappaning'이라고 불렸다. 재패닝 기법에 대한 상세한 매뉴얼도 책으로 출판되었다. 존 스토커John Stalker와 조지 파커George Parker가 1688년에 출판한 이 책에 따르면, 재패닝은 단순히 여러 가지 염료와 아교를 섞어 칠한 것으로서 석고 바탕에 칠을 여러 겹 올린 것으로서 동양의 옻칠을 흉내낸 것이다.

스토커와 파커의 책
『재패닝 기술Treatise of Japning and varnishing』, 1668년.

바로크 시대의 캐비닛은 테이블 캐비닛과 마찬가지로 전면에는 문이 있고 그 안에 작은 서랍이 있는 것이 보통이고 문과 서랍은 화려하게 장식되어 있었다. 속의 내용물이 훤히 비치는 유리 장식장은 18세기에 들어서서 제작되기 시작했으나 치펜데일이나 셰러턴 시대의 작품은 상당히 드물다. 유리 장식장은 본디 책장으로 제작된 경우가 대부분이었다. 따라서 책의 무게를 견디고 높낮이를 조절할 수 있는 나무 선반이 들어 있다. 네덜란드 지역에서는 바로크 형태에 마케트리로 장식한 것이 18세기와 19세기에 걸쳐 디자인의 큰 변화 없이 꾸준하게 이어졌다. 얇은 나무판이나 유리 선반을 얹어서 순수하게 장식품을 놓기 위한 장식장은 19세기에 들어서서야 본격적으로 제작되었다. 프랑스 스타일의 장식장이 크게 유행했고 이것을 '비트린vitrine'이라고 부른다. 루이 15세 스타일의 비트린은 곡선의 형태와 캐브리올 다리, 오물루 장식을 즐겨 쓰고 그리고 와토Watteau(18세기 중반 프랑스의 대표적인 화가) 풍의 목가적인 풍경화가 그려져 있고, 루이 16세 스타일은 직선의 디자인으로 좀더 단순하고 세련된 형태이다. 19세기의 비트린의 대표적인 제작자로 프랑수아 링케François Linke(1855-1946)를 꼽을 수 있는데 그는 18세기 프랑스 왕실 가구를 거의 원형에 가깝게 재현하여 명성이 자자했다.

19세기에는 사이드 캐비닛이 다양하게 선보였다. 리젠시 시대에는 반듯한 사각형의 형태에 유리 대신 실크 주름천을 덧대거나 그 앞에 그릴 형태의 주물막이가 있는 것이 유행이었다. 또 사이드 캐비닛 위에 선반이 올려진 형태인 '쉬포니에chiffonier'도 이 시대의 대표적인 캐비닛이다. 19세기 중후반에는 '크레덴차credenza'가 유행했다. 이 캐비닛은 가운데에는 문이 달려 있고, 양쪽에는 선반이 있는, 사이드 캐비닛의 일종이다. 선반은 벨벳으로 쌌고 더러 유리 문을 단 것도 있었다. 크레덴차를 비롯하여 선반이 많은 캐비닛은 소품을 되도록 많이 진열하는 빅토리아 시대의 실내 장식 경향을 반영한 것이다. 에드워디언 시대에는 다른 가구와 마찬가지로 선이 가는 신고전주의 스타일이 부활되어 여성적이고 우아한 장식장이 많았다. 주로 마호가니에 새틴우드로 상감하거나 문양을 그려 넣은 것이다. 1920년대에는 '퀸 앤 스타일Queen Anne Style'이 부활되어 주로 월넛 무늬목에 단순한 캐브리올 다리가 달린 캐비닛이 대량으로 제작되었다.

수납 기능은 다른 캐비닛과 같지만 책을 꽂기 위한 책장의 역사는 의외로 짧다. 독립된 책장은 17세기에 후반에 이르러서야 볼 수 있다. 17세기 런던의 생활을 상세하게 묘사한 일기로 유명한 사무엘 핍스Samuel Pepys의 서재에 놓였던 책장은 격자형 유리문이 있어 귀하고 아름다운 양장본 책이 잘 보였을 것이다. 책은 구텐베르크의 인쇄술이 나오기 전까지는 글씨와 도판을 모두 손으로 그렸기 때문에 그 수가 한정적이었고 매우 귀한 사치품이었다. 주로 수도원이나 글을 읽을 수 있는 소수 계층의 전유물이던 책이 인쇄술의 발달로 말미암아 널리 보급되면서부터 책을 수납하기 위한 책장이 생겨났다.

18세기 초에 이르면 본격적으로 책장을 만들기 시작하고, 당시의 다른 가구와 마찬가지로 주로 월넛 무늬목으로 만들었다. 책장은 보통 두 부분으로 나뉜 것이 일반적이었다. 윗부분은 유리문이 달린 것이고 아랫부분은 나무 문 속에 서랍이 있는 것이 대부분이었다. 그러다가 뒤에 건축적인 팔라디언 스타일의 등장으로 박공이나 고전적인 몰딩이 강조된 켄트식 책장이 선보였다. 18세기 중반에는 단연 치펜데일의 디자인이 주류를 이루었다. 책장이 보통 세 부분으로 나뉘었고 앞 부분이 튀어나와 있어 두꺼운 책은 가운데, 얇은 것은 양쪽 옆에 꽂을 수 있었다. 주로 마호가니를 사용하였고, 고딕, 중국풍, 그리고 로코코 스타일이 한데 어우러졌으나 다른 가구에 비해 비교적 디자인이 단순했다.

신고전주의 스타일이 유행한 1770년대부터는 아담, 셰러턴, 그리고 헤플화이트의 영향으로 디자인이 간결하고 섬세한 책장이 많았다. 마호가니나 새틴우드가 사용되었고 종꽃과 같은 문양이 정교하게 상감되었다. 프랑스에서는 유리 대신에 닭장처럼 문에 철사를 엮기도 하고 옷장의 디자인과 크게 다르지 않았다. 19세기에는 선반형 오픈 책장(open bookcase)이 많았다. 또 책이 인쇄기로 대량으로 생산됨에 따라 일반인들 사이에서 보편화되었고, 이러한 변화를 수용할 수 있는 고딕 리바이벌 스타일의 큰 책장들이 나오게 되었다. 고딕 리바이벌 스타일은 남성적이며 지적인 양식으로 인식되었기 때문에 빅토리아 시대의 서재 인테리어를 비롯하여 책장이나 책상에 주로 적용되었다. 수납이 효율적이고 빙글빙글 돌릴 수 있어 사용이 간편한 회전 책장도 1810년 무렵에 고안되었다.

월넛 2단 캐비닛.
프랑스 . 16세기,
168x116x53.5cm
16세기의 프랑스 캐비닛을 '뫼블 엉 되
코르meubles en deux corps' 라고 불렀다.
커보드로 분류되기도 한다.
부르군디 지역을 중심으로는 입체 조각 장식이,
파리를 중심으로 한 일 드 프랑스 지역은
부조 조각 장식이 특징이다. 이 시대의 2단 캐비닛은
매너리즘적인 요소가 강하다. 캐비닛 문짝에는
성경이나 신화의 한 장면이나 고전 인물상이 조각되어
있고, 모서리에는 상체는 사람, 하체는 기둥인
'험herm' ('탐term')이나 기둥 등의 모티브가
입체적으로 조각되었다.

독일 과수목 마케트리 테이블 캐비닛.
아우크스부르크 Augsburg 또는 울름Ulm 지역.
17세기 초반. 43x42x31.5cm
주로 고대 폐허 도시를 묘사하였다.

테이블 캐비닛. 흑단, 그림, 아이보리 패널 장식.
네덜란드. 17세기. 35.5x43x29.5cm
스페인 지역의 테이블 캐비닛과 유사하며,
스페인령이었던 북부 네덜란드에서 제작되었다.

가구를 탐색하다

앤트워프 캐비닛. 17세기 전반. 안의 그림은 1620년 무렵의 것으로 추정되며 프란스 프랑켄 2세 Frans Francken Ⅱ의 스타일과 비슷하다. 128x75x35cm. 흑단에 화려한 그림 장식이 있는 캐비닛은 앤트워프를 비롯한 북부 네덜란드에서 제작되었다.

위의 앤트워프 캐비닛을 닫은 모습.

캐비닛 온 스탠드. 암스테르담.
꽃무늬 마케트리. 17세기.
암스테르담 지역을 중심으로
마케트리 기법이 발달하였고 흐드러지는
꽃을 주로 묘사하였다.

더치 마케트리 장식장.
18세기 중반. 240x207x54cm
오늘날까지도 이어져 내려오는 네덜란드의
대표적인 장식장 형태이다.

리젠시 시대의 로즈우드 사이드 캐비닛.
1805년 무렵. 84x110x33cm
스핑크스, 사자발 모양의 오물루 장식은
프랑스의 엠파이어 스타일과 비슷하며
문짝에 유리 대신 주물 막이를 사용했다.

조지 4세 시대의 로즈우드 쉬포니에.
1820년 무렵. 144x97x44cm
선반이 달린 사이드 캐비닛으로서 문짝에
실크 주름천을 넣었다.

빅토리아 시대의 크레덴차.
에보니 무늬목에 마케트리 장식.
영국. 1850년 무렵. 114x185x46cm

루이 15세 스타일의 비트린.
킹우드, 오몰루, 베르니 마르탱 장식.
프랑수아 링케 스타일.
파리. 1890년 무렵. 204x104x51cm

에드워디언 시대의 새틴우드 장식장.
1910년 무렵. 182x109x38cm

가구를 탐색하다

조지 3세 시대의 전면 돌출형 책장.
마호가니. 영국. 1760년 무렵. 229x246cm
중국풍의 격자형 문틀과 로코코 스타일의
손잡이가 한데 어우러진 치펜데일 시대의 전형적인
책장이다.

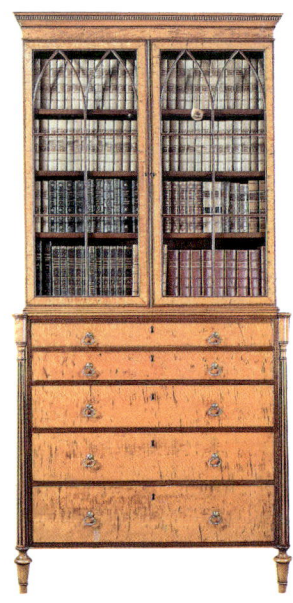

세크레테어 북케이스. 마호가니. 영국.
1790년 무렵. 201x94x56cm
맨 위 서랍을 당겨 책상면으로 사용하는 형태다.

엠파이어 스타일의 마호가니 책장.
오물루 장식. 293.4x243.8x49.5cm

빅토리아 시대의 고딕 리바이벌 책장.
오크. 1860년 무렵. 220x276x38cm
퓨전 디자인의 영향을 받은 것으로서 리넨 폴드 모티브가 조각되어 있으며 놋쇠 경첩이 매우 장식적이다.

에드워디언 시대의 새틴우드 회전 책장.
영국. 1900년 무렵. 높이151cm, 직경 49cm

커보드와 옷장

커보드cup-board는 이름에서 알 수 있듯이 원래 컵을 수납하기 위한 선반이었다. 그러던 것이 점차로 문짝이 달린 수납장으로 발전했다. 두 개 또는 세 개의 선반으로만 이루어진 이른바 '코트 커보드'는 그 이름 때문인지 궁정용 커보드 내지는 귀족적인 가구로서 인식되어 왔다. 그러나 궁정을 의미하는 '코트court'는, 짧다는 의미의 프랑스어 '꾸르court'가 영어식으로 와전되어 생긴 것이다. 17세기부터 문이 달린 코트 커보드가 보편화되었는데 이것 역시 '코트 커보드'라고 부르기도 하지만 정확한 명칭은 '프레스 커보드press cupboard'이다.

커보드 가운데 역사적으로 가장 주목할 만한 것은 프랑스의 프랑수아 1세 때에 지은 퐁텐블로 성 안에 있는 화려한 수납장이 그것이다. 월넛을 화려하게 조각한 이것은 퐁텐블로의 실내 장식 스타일과 일맥상통하는 매너리즘 스타일을 잘 반영하고 있다. '뫼블 엉 되 코르meubles en deux corps'라고 불리는 이것은 험herm(텀term), 그리핀, 그리고 스트랩워크와 같은 모티브들이 입체적으로 조각되어 있다. 16세기 프랑스의 대표적인 수납장으로 꼽히는 이것은 1850에서 1880년대 사이에 르네상스 스타일이 리바이벌되면서 19세기에 다시 유행하기도 했다.

17세기 네덜란드의 풍속화genre painting에서는 이불 홑청이나 식탁보 등을 수납하는 리넨 커보드가 실내에 놓여 있는 것을 종종 볼 수 있다. 이것은 일

얀 스틴Jan Steen의 그림.
"The Dissolute Household".
17세기 중반.

명 '슈랑크Schrank' 라고도 하는데 스페인의 통치 아래에 있었던 네덜란드 북부 지역을 중심으로 제작되었다. 문에 조각된, 다이아몬드와 같은 기하학적인 패턴에서는 무어인 양식에 뿌리를 둔 스페인 장인들의 영향을 엿볼 수 있다. 이것은 보통 오크로 만들어졌고 아치 형태의 문이 있으며 테두리는 흑단을 써서 기하학적인 장식으로 처리하여 포인트를 주었다. 이것이 아치나 필라스터와 같은 선을 강조해 주는 효과를 내어 커보드의 건축적인 형태미를 한껏 살렸다.

로코코 스타일이 유행하던 18세기 중반에는 독일의 여러 지역에서 이 스타일의 옷장이 상당수 제작되었다. 드레스덴, 마인츠, 헤이그와 같은 도시들이 주요 제작지에 속한다. 독일 지역의 로코코 스타일의 '아르무아르armoire(옷장)'는 바로크적인 가구 형태에 로코코 스타일의 조각이나 오물루 장식이 접목된 것이 특징이다. 대부분 문이 달린 커보드의 형태에 봄베 형태의 체스트를 접목시킴으로써 수납 공간의 효율성을 높였다.

'리넨 프레스'는 커보드 속에 여러 개의 선반 또는 낮은 상자가 들어 있는 것을 말한다. 리젠시 시대에는 장식은 거의 배제되어 있고 그 대신 나뭇결이 잘 살아 있고 형태미가 빼어난 것이 특징이다. 문에는 타원형 또는 직사각형의 패널이 있고 발은 바깥으로 살짝 뻗었다. 그리고 커보드 머리는 박공 대신 밋밋하거나 높지 않은 아치형으로 마감되어 있다.

빅토리아 시대에는 옷을 여러 가지 방식으로 수납할 수 있는 큰 옷장들이 대량으로 제작되었다. 마치 오늘날의 시스템 가구처럼 독립된 단위의 가구 몇 개를 붙여서 사용했다. 또 옷장 내부에는 편리함과 실용성을 위해 옷을 거는 고리, 선반, 모자 걸이 등이 장착되었다. 이 시대의 옷장은 침대, 화장대와 같은 다른 침실 가구들과 세트로 제작되기도 했다.

유럽의 여러 나라에서는 다양한 18세기 스타일의 복고풍이 유행했다. 이 가운데서 '루이 16세 스타일'은 특히 인기가 높았다. 직선의 다리, 신고전주의 스타일의 오물루 장식이 그러한 특징을 보여준다. 전신 크기의 거울이 옷장에 접목된 것은 19세기 후반에 이르러 일반화되었다. 20세기 초반에는 신고전주의 스타일이 다시 유행하면서 단순한 형태의 마호가니와 새틴우드로 만든 옷장이 선보였다. 이 가구들은 무거운 느낌의 빅토리아 시대 옷장과는 달리 밝은 색상에 단순한 문양이 산뜻하게 상감된 것이 일반적이었다. 그리고 옷장을 포함한 침실 가구를 보통 세트로 제작하곤 했다.

제임스1세 시대의 오크 3단 코트 커보드.
17세기 초반. 112x 120x 43cm.

찰스 1세 시대의 오크 프레스 커보드.
영국. 1630년 무렵. 142x 139.6x 35.6cm.

바로크 스타일 '벨렌슈랑크 Wellenschrank'.
독일 프랑크푸르트 지역. 18세기 전반.
226x 230x 88cm.
이 시대의 독일 지역의 수납장은 웅장하며
건축적인 요소를 많이 갖추고 있었다. 문짝이 물결치듯
굴곡이 있는 판으로 이루어져 있어 '물결장'이라고도
부른다.

루이 15세 시대 커보드, 캐비닛.
깔쭉 무늬 월넛과 월넛.
네덜란드. 18세기 중반. 250x 190x 63cm

루이 15세 시대 월넛 아르무아르.
프랑스 낭트 지역으로 추정. 18세기 중반.
284x 179x 68cm.
런던과 파리와 같은 대도시와는 달리 수입목을
쉽게 구할 수 없는 지방에서는 오크, 월넛, 그리고
과실목을 써서 유행에 크게 구애받지 않고 만들었다.
로코코 스타일의 프랑스 지방 가구는
로코코 스타일의 조각이 부분적으로 가미되었고
오물루 대신 놋쇠 경첩을 사용했다.

조지3세 시대의 마호가니 리넨 프레스.
18세기 후반. 203x 121x 56cm
문짝에 마호가니의 나뭇결이 아름답게 드러나 있다.
발 부분은 교체된 것이 많다.

조지 4세 시대 마호가니 옷장.
1820년 무렵. 238x 246x 65cm
조지 3세 시대의 리넨 프레스와 비슷하지만
크기가 크고 빅토리아 시대의 마호가니 체스트와
마찬가지로 단단하고 실용적인 형태로 바뀌었다.

나폴레옹 3세 시대의 킹우드 옷장.
19세기. 200x 194x 50cm
루이 15세 시대(로코코) 스타일이 리바이벌
된 것이다.

드레서

드레서dresser는 음식을 식탁으로 가져가기 전에 드레싱을 뿌리기 위해 준비된 테이블이라는 뜻에서 이름이 유래되었다. 일종의 서빙 테이블로서 접시와 컵, 포크와 나이프 따위가 수납되었고 식탁의 보조 가구로 쓰였다. 그러므로 드레서는 거실보다는 주로 식탁이 놓이는 식당에서 쓰였다. 프랑스의 '드레수아르dressoir'라는 용어를 지닌 서빙 테이블도 같은 용도로 쓰였으므로 영어의 '드레서'도 이 단어와 깊은 연관이 있음을 알 수 있다.

초기의 드레서는 위에 선반이 없고 사이드보드처럼 서랍과 수납 공간이 있는 테이블로 키가 낮았다. 이것을 일반적으로 선반이 있는 드레서와 구분하기 위해 '로우 드레서low dresser'라고 부른다. 드레서의 선반은 17세기 중반 델프트 도기가 유행하면서 접시를 전시하기 위해 생겨났다. 그리하여 아래쪽의 받침과 위쪽의 선반이 결합된 오늘날의 드레서로 발전하였다. 17세기 후반의 드레서는 주로 서랍 주위에 기하학적인 몰딩이 있으며 물방울 형태의 손잡이와 돌려 깎은 다리를 가졌다. 이것은 오늘날까지 드레서의 전형적인 형태로 이어져 내려온다.

드레서는 특히 컨트리 가구의 일종으로서 영국의 북서부와 웨일즈 지역에서 널리 제작되었고 지역별로 그 특색이 강하게 남아 있다. 예컨대, 남부 웨일즈 지역의 드레서는 사이드 테이블 형태에 선반이 오픈되어 있고 매우 단순하다. 반면 북부 웨일즈 지역이나 북부 잉글랜드 지역의 것들은 선반의 뒷면이 막혀 있다. 또한 이 지역의 드레서는 거의 모두가 받침이 커보드 형태이다. 서랍 주변에 너도밤나무나 마호가니로 크로스밴딩(띠 장식)을 한 것은 랭커셔나 슈롭셔 지역의 특색이었다.

드레서는 주로 오크로 만들어졌

18세기 초반 오크 로우 드레서. 높이 75cm

으나 너도밤나무나 주목, 그리고 그 밖의 과실목으로도 제작되었다. 로우 드레서를 제외한, 선반이 있는 드레서는 보통 두 부분으로 나뉘어져 있기 때문에 선반과 받침이 메리지 피스(원래 제 짝이 아니고 뒤에 붙여 만든 것)가 아닌지 살펴보아야 한다. 곧, 위, 아래 목재의 종류와 파티네이션이 같아야 한다.

조지 2세 시대의 오크 드레서.
웨일즈 지역. 18세기 중반. 214 x188x57cm

18세기 초반 오크 드레서.
Llanrwst 북부 웨일즈 지역. 142x56x192cm
선반 뒷면이 막혀 있고 받침이 커보드 형태인 것은 북부 웨일즈 지역에서 주로 제작되었다.

18세기 중반 오크 드레서.
슈롭셔. 랭커셔 지역. 높이 2m
서랍 주변이 주목으로 크로스밴딩(띠 장식)된
것과 캐브리올 다리인 점으로 미루어 볼 때
슈롭셔나 랭커셔 지역에서 제작되었음을
짐작할 수 있다.

책상

책상은 중세까지만 하더라도 성직자나 일부 지식인들 사이에서 주로 사용되었다. 따라서 17세기 이전에는 책상은 대체로 교회나 수도원에서 볼 수 있었고 문맹률이 높았기 때문에 일상 생활에서는 그다지 큰 비중을 차지하지 못했다.

중세의 책상은 그림에서처럼 성서대와 비슷하거나 이동식 문방구 상자(writing box) 형태였다. 문방구 상자는 필요에 따라 탁자 위에 올려놓고 쓸 수 있었기 때문에 편리했다. 책상 앞문이 90도 각도로 열리는 '뷰로bureau'는 스페인의 '바르구에뇨vargueño'와 매우 비슷하다. 바르구에뇨는 16, 17세기 스페인의 대표적인 가구로서, 안에는 작은 서랍이 여러 개 있고 주로 화려한 받침 위에 올려놓았기 때문에 장식장인 캐비닛의 전신이라고도 볼 수 있다. 뷰로는 17세기 후반 프랑스에서 처음 제작되었고 곧 이어 영국에서도 서랍장과 문방구 상자를 결합한 책상인 뷰로가 만들어지기 시작했다.

중세의 책상.
1485년 필사본.

뷰로는 문방구 상자와 마찬가지로 45도 각도의 뚜껑이 있고, 뚜껑을 열 때에는 양끝에 있는 긴 막대기 받침을 꺼내어서 받친다. 이처럼 문방구 상자에 해당하는 부분을 서랍장(체스트) 위에 올린 형태가 뷰로이다. 초기에는 두 부분의 결합을 보여주는 연결선(몰딩)이 그대로 드러나 있었으나 차차 사라지고 하나의 독립된 가구로 변모했다. 뷰로가 본격적으로 제작되기 시작한 18세기 초반에는 월넛 무늬목 가구가 성행했기 때문에 이것 또한 소나무나 참나무 알목에 월넛 무늬목을 붙인 것이 많았다. 이보다 더 장식적이고 화려하게 '굴 껍질 문양 무늬목'이나 '해초 무늬 마케트리'를 붙이기도 하였다. 1740년 무렵부터는 마호가니로 만든 뷰로가 등장했으며 그 뒤로 목재나 디자인에 큰 변화 없이 오늘날까지 이어져 내려왔다.

뷰로는 뚜껑을 열었을 때 내부에 '비둘기집'이라고 일컫는 작은 칸막이가 나있는데 이것과 서랍이 정교할수록 가치가 높다. 또 서랍 주변에까지도 '띠 장식(crossbanding)'이나 '선 장식(stringing)' 등을 해서 장식에 세심한 주의를 기울인 것도 있다.

프랑스의 뷰로는 영국보다 종류가 훨씬 다양하다. 루이 14세 때에는 '뷰로 마자랭Bureau Mazarin'이라는 것이 있었다. 일종의 '무릎 구멍 책상(kneehole desk)'으로서 무릎을 두는 공간이 비교적 좁고, 서랍이 보통 양 옆에 세 개씩 있으며, 다리가 양쪽에 각각 네 개씩으로 모두 여덟 개인 책상이다. 마자랭 추기경이 사용했기 때문에 그러한 이름이 붙여졌다고 전해진다. 루이 14세 시대의 뷰로 마자랭 가운데 가장 대표적인 것은 당대 최고의 에베니스트(가구 제작자)인 앙드레 샤를르 불이 제작한 것이다. 그의 작품은 거북 등껍질과 흑단 그리고 놋쇠를 사용하여서 화려한 바로크 양식을 잘 보여준다. 그 뒤 레장스 시대에는 '뷰로 플라Bureau Plat'가 두드러졌다. 이것은 넓고 평평한 책상으로서, 루이 15세 시대에 크게 유행하였고 오늘날까지도 널리 사용된다. 이 시대의 뷰로 플라는 모서리와 손잡이, 그리고 발 부분이 오물루로 장식되어 있다. 오물루는 형태는 입체적이고 대담한데 세부적인 디테일은 퍽 정교하다.

찰스 2세의 왕정 복고 이후 영국의 가구는 프랑스와 이탈리아의 영향이 두드러졌으며, 책상은 권력과 부의 상징으로서 귀족들 사이에서 널리 사용되었다. 무릎 구멍 책상보다 훨씬 넓어 실용적인 '페디스털 책상(pedestal desk)'은 1720년 무렵부터 제작되었다. 오늘날의 사무용 책상처럼 받침 역할을 하기도 하는 서랍이 좌우 양쪽으로 있는 매우 단순한 형태로서, 처음에는 월넛으로 제작되었으나 1730년 무렵부터는 주로 마호가니로 제작되었다. 또 두 사람이 마주보고 앉아 사무를 볼 수 있도록 크기가 두 배로 넓고 큰 '파트너 책상(partners' desk)'도 함께 제작되었다.

로코코 스타일이 두드러지면서 프랑스에서는 뷰로 플라와 같이 넓고 큰 책상 대신에 작고 아담한 것들이 유행했다. 여성용 뷰로인 '뷰로 드 담bureau de dame'도 그 가운데 하나이다. 다리는 길고 가는 캐브리올 형태이고 전체적으로 섬세하게 마케트리로 장식되었다. 지방의 경우에는 마케트리 대신에 체리나 오크와 같은 원목을 사용하였다. 뷰로 드 담은 19세기 말과 20세기 초에 크게 부활되기도 했는데 18세기 후반 것보다 훨씬 장식적이다. 또 작은 캐비닛과 서랍 그리고 거울이 달린 것도 있다. 이와 유사한 형태인 '보뇌르 드 주르

bonheur-de-jour'는 1760년 무렵에 처음 나왔다. 뷰로 위에 캐비닛이 접목된 뷰로 드 담과는 달리 직사각형의 테이블 위에 작은 서랍과 캐비닛이 접목된 형태로서 19세기 영국에서 인기가 높았다. 무늬목 마케트리 기법 또는 놋쇠와 거북 등껍질을 이용한 불 마케트리 기법으로 장식된 화려한 것들이 많았다.

신고전주의 시대에는 뷰로의 뚜껑이 둥글면서 열 때 안으로 접혀들어가는 방식이 인기를 모았는데 '실린더형 뷰로(bureau à cylindre)' 또는 '롤톱 데스크roll top desk'라고 불렀다. 롤톱 데스크 중에서 가장 대표적인 것은 초창기에 제작된 장 프랑수아 오벤Jean-François Oeben의 '뷰로 뒤 루아Bureau du Roi'이다.

루이 15세 시대의 뷰로 뒤 루아.
오크 알목 위에 배나무, 호랑가시나무, 깔쭉 무늬 월넛, 퍼플우드 마케트리 장식.
오벤, 리스너 제작. 1760-69년.

뷰로 뒤 루아는 오벤이 1760년에 만들기 시작하였으나, 삼 년 뒤 갑자기 세상을 떠남으로써 미완성으로 남게 된 것을 그의 경쟁자인 장 앙리 리스너Jean Henri Riesner가 완성하였다. 루이 15세의 서재를 꾸미기 위해 제작된 이 책상은 겉에는 입체적이고 화려한 오물루 장식이, 롤톱 위에는 학문과 예술을 상징하는 마케트리가 펼쳐져 있다. 오벤의 미망인이 리스너와 재혼하면서 오벤의 공방을 리스너가 이어받았기 때문에 두 사람의 '공동 작품'은 뷰로 뒤 루아 외에도 꽤 여럿 남아 있는 것으로 알려져 있다. 두 사람 모두 탁월한 에베니스트(가구 제작자)였기 때문에 어떤 부분이 정확히 누구의 솜씨인지를 판별하기는 매우 어렵다. 독일 출신인 오벤을 위시한 독일계 가구 제작자들은 정교한 기계 장치를 가구에 접목시킨 기술로 명성이 높았다. 뷰로 뒤 루아도 단추만 누르면 슬라이딩 뚜껑이 스르륵 열릴 뿐만 아니라 비밀 서랍도 곳곳에 있다.

영국에서는 뷰로 위에 수납장을 접목시킨 '뷰로 캐비닛bureau cabinet'이 윌리엄 앤드 메리 시대에 선보였다. 중국의 칠기 가구를 모방하여 '재패닝' 기법으로 제작한 것은 동양의 영향을 서양식으로 가장 잘 승화시킨 예 중의 하나이다. 캐비닛의 머리 부분에 돔 형태의 지붕을 얹은 뷰로 캐비닛은 바로크 시대에 중국 청화 백자를 전시하는 데에 매우 효과적인 가구이기도 했다. 특히 이중 돔의 뷰로 캐비닛 디자인은 다니엘 마로Daniel Marot의 독창적인 디자인이다. 그 뒤로 치펜데일 시대에 접어들어서는 책장을 접목한 '뷰로 북케이스'가 유행했다. 갈라진 박공을 얹어 마무리했고 18세기 후반에는 백조 목과 같은 형태가 등장했다.

한편 비스듬한 뚜껑을 여는 뷰로와는 달리, 서랍장의 형태로 되어 있으면서 맨 위의 서랍을 당겨 펼칠 수 있는 책상을 '세크레테어secretaire'라고 한다. 보통 책장이나 장식장과 접목된 '세크레테어 북케이스' 또는 '세크레테어 캐비닛'의 형태로 제작되었고 18세기 후반에 크게 유행했다. 이와 용어가 비슷한 책상으로서 프랑스의 '스크레테르 아 아바탕secrétaire à abattant'이 있다. 이것은 높이 1.5미터 정도의 직립형 책상인데 이와 같은 직육면체의 책상은 루이 16세 시대에 처음 등장하여 나폴레옹 시대에까지 널리 쓰였다(59쪽 책상 그림 참조). 루이 16세 시대에는 신고전주의 스타일로 기하학적인 파케트리나 동양의 칠기 가구를 잘라 응용한 뒤 모두 고전적인 오물루로 장식했고, 나폴레옹 시대에는 주로 마호가니를 사용했고 평면적이고 규칙적인 오물루로 장식하였다. 반면 비더마이어 스타일은 밝은 과수목을 썼고 흑단을 부분적으로 사용해 장식의 효과를 높였다. 이 스타일은 19세기 초 독일, 오스트리아, 그리고 스칸디나비아 지역에서 유행하였다. 비더마이어 세크레테어는 매우 건축적인 형태에 장식을 최소화한 대신에 여러 가지 기하학적인 요소를 접목시켜서 모던한 느낌을 준다.

독일과 이탈리아 지역의 뷰로와 뷰로 캐비닛은 주로 다소 과장된 로코코 스타일을 보여 준다. 파리에서 로코코 스타일을 익힌 장인들의 작품이 이탈리아에서는 그 특유의 자유분방함으로, 독일에서는 고유의 정교함으로 나타났다. 두 지역 모두 바로크 스타일이 강하게 지속되어 크고 웅장한 뷰로 캐비닛이 로코코 시대에도 꾸준히 인기를 모았다. 여기에 로코코 스타일의 극단적인 표면 장식이 어우러져 독특하고 개성 있는 작품들이 만들어졌다. 예컨대 이탈리아의 튜린 지역의 대표적인 제작자 피에트로 피페티Pietro Piffetti(1700-1777)는 아이보리, 자개, 그리고 이국적인 목재를 사용하여 마케트리 장식을 입힌 뷰로 캐비닛을 선보였다. 또 독일의 대표적인 제작자인 다비드 뢴트겐David Roentgen은 어두운 바탕에 밝은 색상의 리본과 꽃 무늬 마케트리를 붙였는데 그만의 독특한 개성이 엿보인다.

한편, 뷰로보다 작고 콤팩트한 책상 '데븐포트Davenport'가 1790년 무렵에 처음 등장하여 19세기에 널리 제작되었다. 데븐포트라는 이름은 길로우 사의 가구 주문 제작 장부에 적힌 "데븐포트 선장, 책상"이라는 기록에서 유래했다. 1800년과 1840년대 사이에 제작된 초기의 데븐포트는 폭이 좁고 윗부분이 문방구 상자를 얹은 것 같은 형태였으나 19세기 중반의 것은 윗부분이 피아노 뚜껑처럼 곡선을 이루고 있다. 목재는 로즈우드, 마호가니, 그리고 월넛이 가장 많이 사용되었다. 리젠시 시대에 유행한 가장 독특한 책상으로 '칼튼 하우스 책상(Carlton House desk)'이 있다. 뒤에 조지 4세가 된 프린스 오브 웨일즈의 런던 주택인 칼튼 하우스에서 주문하여 사용하였기 때문에 칼튼 하우스 책상이라고 불리게 되었다는데, 책상의 삼면이 낮게 둘러싸여 있으며 서랍, 시계, 촛대 따위가 붙어 있다. 이것은 우아한 디자인과 탁월한 기술이 어우러진 리젠시 시대의 대표적인 책상이다. 또 이 시대에 유행한 서재용 책상의 하나로 '드럼 테이블drum table'이 있다. 이 책상은 둥근 드럼의 형태로 진짜 서랍과 가짜 서랍이 번갈아 있다. 그리고 테이블 상판에는 가죽을 덧대는 것이 보통이다. 또한 건축가와 예술가를 위해 책상 상판의 높낮이를 조절할 수 있게 만든 '건축가 책상(architect's table)'도 18세기에 주로 쓰인 독특한 책상 중의 하나다.

스페인 식민지 지역에서 제작된 바르구에뇨.
17세기. 59x68x49cm
앞면의 뚜껑은 90도 각도로 열리고 양쪽에는 손잡이가 달려 있어 쉽게 옮길 수 있다.
흔히 화려하게 조각된 받침 위에 놓고 썼기 때문에 장식장의 전신이라고도 볼 수 있다.

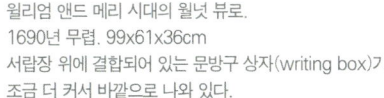

윌리엄 앤드 메리 시대의 월넛 뷰로.
1690년 무렵. 99x61x36cm
서랍장 위에 결합되어 있는 문방구 상자(writing box)가 조금 더 커서 바깥으로 나와 있다.

조지 1세 시대의 월넛 뷰로.
1715년 무렵. 100x82x45.5cm
초기의 뷰로는 문방구 상자와 서랍장이 결합된
부분에 몰딩이 확연히 남아 있다.

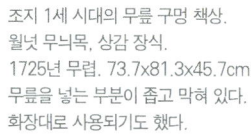

조지 1세 시대의 무릎 구멍 책상.
월넛 무늬목, 상감 장식.
1725년 무렵. 73.7x81.3x45.7cm.
무릎을 넣는 부분이 좁고 막혀 있다.
화장대로 사용되기도 했다.

조지 3세 시대의 마호가니 뷰로.
1770년 무렵. 98x76x46cm

루이 14세 시대 뷰로 마자랭.
퓨터. 놋쇠. 거북 등껍질.
1685년 무렵. 80x118.1x71.1cm.
에보니 바탕에 놋쇠 마케트리로 장식한
전형적인 불 마케트리는 꽃과 새, 잎사귀 등이
환상적인 요소와 함께 어우러진 '베랭Jean Bérain'
타입의 디자인이 많다. 또한 이 책상과 같이
잎사귀를 변형시킨 화려한 아라베스크 디자인도 있는데
이것은 베랭과 함께 동시대를 풍미한 알렉상드르 장
오페노르Alexandre-Jean Openordt(?-1715)의
영향을 받은 것이다.

루이 15세 시대의 뷰로 플라.
로즈우드와 아마란쓰. P. ROUSSEL과 JMS 마크.
1745년 무렵. 81x163x89cm.
이 시대의 뷰로 플라는 무겁고 장중한
루이 14세 시대의 바로크 스타일에서 벗어나 가볍고
경쾌한 로코코 스타일을 보여 준다.

로코코 뷰로 캐비닛.
독일 뷰르츠부르크Würzburg
또는 밤베르크Bamberg 지역.
18세기 중반. 205x148x82cm.
독일의 로코코 스타일은 프랑스 로코코 스타일보다
형태가 훨씬 과장됐다. 여러 단으로 올린 구조들의
비율이 자유롭기 때문에 다소 기괴하게 보이기도 한다.

가구를 탐색하다 219

조지 3세 시대의 마호가니 서재 책상.
1760년 무렵. 78.7x116.8x111.8cm.
앞면과 옆면이 모두 뱀처럼 구불구불한 이 책상은
1754년에 책으로 출판된 치펜데일의 디자인과
매우 비슷하다.

토마스 치펜데일의 책
「The Gentleman and Cabinet-Maker's Director」
초판에 나와 있는 책상 디자인. 1754년.

조지 3세 시대의 파듀크 나무 파트너 책상.
1790년 무렵. 75x126x105cm

리젠시 시대의 마호가니 서재용 책상.
흑단, 놋쇠 상감.
1810년 무렵. 76.5x127x65cm
수금(lyre) 형태의 다리 기둥 모양은 그리스,
로마 시대의 모티브다.

리젠시 시대의 마호가니 서재용 책상.
1815년 무렵. 75x137x79cm
매우 단순한 형태의 책상으로서 홈 파진
기둥 모양의 다리는 고전적인 요소이며 바퀴가
달려 있어 옮기기가 쉽다.

빅토리아 시대의 월넛 페디스털 책상.
홀랜드 앤드 선 사(HOLAND & SONS) 제작.
1840년 무렵. 76x142x81cm

에드워디언 시대의 강낭콩 형태의 마호가니 책상.
마케트리 장식. EDWARDS AND ROBERTS 마크.
1900년 무렵. 73x125x64cm

루이 15세 시대의 여성용 책상(뷰로 드 담).
킹우드, 튤립우드 마케트리 장식,
18세기 후반. 109x84x47cm

여성용 책상. 킹우드 마케트리 장식.
프랑스. 1880년 무렵. 너비 80cm
루이 15세 스타일로 리바이벌된 뷰로 드 담.
마케트리 문양이 18세기의 것보다 복잡하고 화려하다.

루이 15, 16세 시대 보뇌르 드 주르. 새틴우드.
킹우드. 튤립우드. L.BOUDIN 마크.
1775년 무렵. 87.6 x61x38.1cm.
아담한 크기와 곡선의 캐브리올 다리는 로코코 스타일의
전형적인 형태이지만, 기하학적인 파케트리 장식과
기요쉬 문양은 신고전주의 스타일의 모티브이다.
과도기적인 특징을 잘 보여준다.

루이 16세 시대의 스크레테르 아 아바탕.
마케트리 장식. P. DENIZOT 마크.
1775-1780년 무렵. 141x99x46cm

독일 비더마이어 스크레테르 아 아바탕.
과수목과 흑단.
19세기 초반. 178x100x54cm
기하학적인 형태미와 부분적인 흑단 장식은
비더마이어 스타일의 특징이다.

퀸 앤 시대의 뷰로 북케이스, 재패닝 기법.
1710년 무렵. 244x103x58cm

마호가니 뷰로 북케이스. 1765년 무렵.
책장의 유리문 창살은 흔히 여러 가지 패턴의 격자로
이루어져 있으나 이처럼 13개로 나누어진 것이
가장 기본적인 형태이다.

조지3세 시대의 마호가니 칼튼 하우스 책상.
1790년 무렵. 101x160x89cm

조지 4세 시대의 마호가니 드럼 테이블.
1820년 무렵. 높이 76cm, 직경 135cm
보통 진짜와 가짜 서랍이 번갈아 가며 나 있다.

조지 3세 시대의 마호가니 건축가 책상.
1770년 무렵. 76x94x57cm
책상의 상판 높이를 조절할 수 있고 가죽이 깔린
서랍이 있어 작업할 때 편리하다.

빅토리아 시대의 로즈우드 데븐포트.
1840년 무렵. 83x52x55cm
19세기 중반 이후에는 윗부분이
피아노 뚜껑처럼 곡선으로 이루어진
것이 많다.

침대

중세에 침대는 가장 귀한 재산 목록 중의 하나로 여겨졌다. 침대는 한 가정의 세간 목록이라고 할 수 있는 인벤토리inventory 항목에서 가장 우위를 차지하고 있거나, 자식들에게 물려줄 수 있는 유산에 포함되어 있는 경우도 많았다. 그러나 당시에는 프레임보다는 그것을 둘러싼 패브릭을 더욱 가치 있는 것으로 받아들였다.

침대의 패브릭은 원래 바람을 막아 주어 침대 안을 더욱 아늑하게 만드는 역할을 하는 것이었으나 오늘날에는 다만 장식적인 요소로서 남아 있다. 머리 위에는 텐트처럼 지붕이 있고 네 기둥을 중심으로 사방을 패브릭으로 막을 수 있는 침대를 '테스터 침대(tester bed)'라고 하는데, 오늘날에는 패브릭과 상관없이 기둥이 있는 침대를 가리킨다. 귀한 패브릭으로 둘러싼 침대는 자연히 실내 공간 장식에서 매우 중요한 아이템이었다. 15세기까지만 하더라도, 옆의 그림에서처럼, 평평한 바닥에서 단을 높여 그 위에 올려놓았다.

비토레 카르파치오 vittore Carpaccio가 그린 '성인 우르살라의 꿈'. 1495년 무렵.

나무 침대 프레임은 상대적으로 덜 중요했기 때문에 중세와 르네상스 시대의 침대가 원형으로 남아 있는 예는 극히 드물다. 따라서 그림이나 드로잉, 판화와 같은 자료를 통해 당시의 침대 디자인을 살펴볼 수 있다.

르네상스 시대의 대표적인 가구 디자이너인 자크 앙드루에 뒤 세르소Jacqes Androuet Du Cerceau(1520~1584: 프랑스의 건축가이자 디자이너)의 침대 디자인은 육중한 기둥과 그리핀 형태의 다리 그리고 여러 가지 르네상스 시대의 모티브가 복잡하게 사용되어 있음을 알 수 있다. 그의 디자인은 판화의 형태로 온 유럽에 퍼져 나가 르네상스 가구 디자인에 큰 영향을 미쳤다. 영국의 침대도 르네상스 스타일이 변형된 것이 16세기와 17세기에 걸쳐 나타났고 디자인도 크게 바뀌지 않았다. 지붕을 이루는 몰딩과 머릿판은 기하학적인 모티브로 조각된 것이 보통이었고 때로는 머릿판이 밝은 빛깔의 목재로 상감된 것도 있었다. 네 기둥은 보통 사발과 뚜껑 형태를 일컫는 '컵 앤드 커버cup and cover' 모티브로 조각된 것이 많았다.

프랑스를 비롯한 유럽의 영향을 받은 바로크 시대의 침대는 벨벳과 같은 화려한 천을 드리운 테스터 침대가 유행했는데 타조 털로 네 기둥의 꼭대기를 장식하기도 했다. 영국의 바로크 스타일을 새로운 유럽 감각으로 승화시킨 다니엘 마로의 침대 디자인에는 프랑스 바로크 스타일의 특징이 잘 배어 있다. 그것은 프랑스, 네덜란드, 영국 세 나라를 두루 거치며 활동한 그의 경력에서 나온 결과이다. 종교의 자유를 위해 망명한 수만 명의 위그노 장인 가운데 한 사람이었던 그는 네덜란드로 망명하여 윌리엄과 메리의 침실을 장식하였을 뿐만 아니라, 이들이 영국의 왕으로 추대되었을 때 함께 영국으로 건너와 햄튼 코트 궁전의 장식을 맡았다. 그런 까닭에 바로크 가구 가운데에서 가장 상징적인 것 중의 하나인 침대 디자인에서 특히 그의 특징이 잘 드러난다.

다니엘 마로의 침대 디자인. 마로는 침대 지붕과 발치에 늘어뜨린 패브릭의 형태, 이른바 랑브르캥lambrequin 모티브를 그의 디자인에 자주 응용했다.

루이 14세 시대의 프랑스 궁정에서는 왕이 나라 안팎의 중요한 손님을 침실에서 접견하였을 뿐만 아니라 왕이 잠자리에 드는 의식이 밤마다 공식적으로 치러졌다. 침실로 드는 행렬에서부터 옷을 벗고 잠옷으로 갈아입는 과정이 모두 여러 대신들 앞에서 엄숙히 거행되었다. 그렇지만 실제로 잠은 의식을 치른 황실 침대에서가 아니라 작고 아늑한 침대에서 잤다. 이러한 문화를 모방하여 귀족의 집에서도 안주인이 침실에서 손님을 맞이했다. 침대는 보통 움푹 들어간 벽면인 '알코브alcove'에 놓였고 그 위에 캐노피를 설치했다. 18세기의 테스터 침대는 17세기에 비해 기둥이 차츰 가늘어지고 단순해졌다. 19세기 초반 나폴레옹 시대에는 보트 형태의 침대인 '리엉 바토lit en bateau'가 유행했고 이것은 알코브 내에 옆면이 보이도록 가로로 놓였다. 엠파이어 스타일의 '보트 침대'는 마호가니나 새눈 단풍나무(bird-eye maple)로 제작되었고 얇은 오물루로 장식되었다.

19세기 중후반에는 루이 15세, 16세 스타일의 침대가 널리 제작되었고 프랑수아 링케François Linke(1855-1946)의 작품이 가장 대표적인 예로 손꼽힌다. 새로운 소재를 사용한 침대도 선보였는데 특히 금속 침대가 크게 유행했다. 당시에는 매트리스 속의 소재와 개인 위생의 문제로 인해 이나 벼룩 문제가 심각했다. 그래서 금속 침대는 나무에 비해 훨씬 '위생적'인 것으로 환영받았다. 철제나 놋쇠 튜브로 만든 그 새로운 금속 프레임의 침대는 겉으로 보기에도 훨씬 깨끗해 보이는 데에다 나무 프레임과는 달리 물걸레로 닦아낼 수 있었다. 따라서 당시 침대 광고에서는 무엇보다도 위생이 강조되었다. 앤틱 침대는 싱글과 더블 사이즈로 구별되나 더블도 요즈음의 크기보다 작은 경우가 많다.

찰스 1세 시대의 오크 테스터 침대.
1630-50년 무렵. 186x147.5x193cm.
17세기의 다른 가구에서와 마찬가지로 기하학적인 모티브와 아치, 기둥 등의 건축적인 모티브가 조각되어 있다.

루이 16세 시대의 침대.
크림색 페인팅, L. DELANOIS 마크.
135x201x130cm
아칸서스 잎을 비롯하여 고전적인 몰딩이 조각되어 있다.

리젠시 시대의 마호가니 네 기둥 침대.
229x208x170cm
홈 파진 기둥으로 이루어진 단순한 형태의 침대다. 장식적인 테스터를 드리우기도 했다.

엠파이어 시대의 마호가니 보트형 침대.
1810년 무렵. 114x202x131cm

왼쪽 보트형 침대의 부분 문양.

나폴레옹 3세 시대의 침대.
킹우드 무늬목과 오몰루 장식. 1880년 무렵.
머릿판 크기: 161x131cm,
발판 크기: 44x131cm.
이 시대의 침대는 루이 15세 시대의 스타일,
곧 로코코 스타일이 두드러졌다.

놋쇠 침대 프레임. 주철. 1870년 무렵.
둥근 루프 형태의 디자인이 독특한데 이 시대의
놋쇠 프레임은 주로 페인트 칠을 하거나 부분적으로
금 도금, 또는 놋쇠를 이용하여 장식했다.

거울

앤틱 거울은 크게 벽거울과 화장용 거울로 나눌 수 있다. 고대와 중세에는 금, 은, 동과 같은 금속으로 만들었다. 15세기에 독일의 유리 제작자들은 볼록 거울을 만들었고, 오늘날과 같이 평평한 유리 거울은 16세기에 이르러서야 비로소 제작되었다. 그 평면 거울은 베니스의 인근 섬인 무라노에서 처음 제작되었거니와 이 곳은 오늘날까지도 유리 산업으로 그 명성이 높다(236쪽 윗 그림 참조).

프랑스와 영국은 17세기 후반까지 거울을 모두 무라노에서 수입하여 썼기 때문에 자체 생산할 길을 찾기 위해 고심했다. 그러다가 프랑스는 1693년에 마침내 생 고뱅Saint Gobain에 유리 공방을 설립했고, 영국은 약 1660년부터 복스홀Vauxhall에서 거울을 생산하기 시작했다. 이 곳의 유리 거울은 실린더 형태로 불어 만든 유리를 잘라 평평하게 펴서 만들었기 때문에 크기에 많은 제약을 받았다. 따라서 큰 거울을 제작할 때에는 작은 거울을 여러 개 이어 만들었고 프레임 디자인으로 그 이음선을 감추었다.

거울은 가구와 더불어 실내를 장식하는 중요한 요소였으므로 거울 스타일 또한 가구 스타일의 변천과 그 맥을 같이한다. 바로크 시대의 대표적인 거울로는 플랑드르 지역의 것이 손꼽힌다. 이것은 흑단(에보니)과 토토쉘(거북 등껍질)을 붙여 만든 것으로서 바로크 스타일 특유의 강한 색상 대비를 보인다. 흑단은 단단해서 복잡한 문양을 조각하기보다는 잔물결 모양으로 단순하게 조각한 장식이 많았다. 네덜란드와 영국에서는 굴 껍질 모양의 무늬목이나 꽃무늬 마케트리 기법으로 거울 프레임을 장식했다. 이 시대의 거울은 정사각형 또는 직사각형의 형태가 보통이었고 맨 위에 마치 왕관을 씌운 듯 머릿장식을 얹기도 했다.

거울 제작 기술이 발전함에 따라 차츰 큰 것도 제작할 수 있게 되자, 그와 더불어 실내 장식에서 거울이 차지하는 비중이 더욱 높아졌다. 그리하여 기둥과 기둥 사이에 큰 거울을 배치하고 그 아래에 콘솔을 놓는 것이 하나의 양식으로 자리잡게 되었는데, 베르사이유 궁전의 '유리의 방(Galerie des Glaces)'이 그 대표적인 예다. 이처럼 피어pier(기둥)와 피어 사이에 배치하기 때문에 콘솔 위에 놓는 거울을 '피어 거울'이라고 부른다.

이탈리아 바로크 스타일의 거울은 프레임을 화려하게 조각한 뒤 금박을 입혔고 아칸서스 잎과 푸티(아기 천사들)를 주요 모티브로 사용했다. 이것은 프랑스 루이 14세 시대와 레장스 시대, 그리고 이후 유럽 전 지역의 로코코 스타일 거울의 밑바탕이 되었다. 18세기 초반의 영국에서는 건축적인 요소가 강하게 느껴지는 팔라디언 스타일Palladian style(이탈리아 건축가 안드레아 팔라디오의 건축 디자인이 17세기에 영국에 소개되면서 부활한 스타일)의 거울이 등장했다. 백조목 형태의 박공을 머리에 얹은 거울의 테두리에는 건축적인 몰딩이 사용되었다. 또한 같은 시대에 마호가니 프레임의 거울도 크게 유행했는데 마치 종이를 오린 것과 같이 형태가 독특하다. 건축적인 팔라디언 스타일과는 달리, 로코코 스타일의 거울에는 디자이너의 자유로운 상상력과 창의력이 돋보이는 재미있는 모티브들이 많이 쓰였다. 곧, 로코코 특유의 곡선에 중국인, 그리고 '호호새'라고 불리는 괴상한 새, 정자 지붕, 그리고 심지어 이솝 우화에 나오는 동물까지 표현했다.

그러나 신고전주의 시대에 들어서면 거울의 형태가 타원형이나 직사각형으로 단순해진다. 여기에 리본, 월계수 잎, 아칸서스와 같은 고전적인 모티브를 조각하였으나, 팔라디언 스타일처럼 크고 대담한 것이 아니라 작고 여성스러운 느낌을 주는 것이 지배적이다. 선이 가늘고 단순한 신고전주의 스타일의 프레임과는 달리, '후기 신고전주의'라고도 할 수 있는 리젠시 시대의 대표적인 거울로는 원형의 볼록 거울에 독수리를 머리에 얹은 것을 들 수 있다. 이 독수리 모티브는 나폴레옹 시대의 엠파이어 스타일에서 자주 쓰인 것이므로 영국의 리젠시 시대가 간접적으로나마 프랑스의 영향을 받았음을 알 수 있다. 때로는 프레임에 큰 구슬 장식을 원주를 따라 나란히 붙이기도 했다. 또한 이 시대에는 긴 직사각형 형태의 거울도 많았는데 폭이 매우 좁고 윗부분에는 신화의 한 장면이 주로 묘사되어 있다. 그 뒤의 빅토리아 시대에는 'D'자 형태의 거울이 크게 유행했으며 이것은 주로 벽난로 위에 놓였다.

화장용 거울은 보통 서랍장이나 로우보이 테이블에 올려놓고 썼고, 17세기까지는 주로 은이나 은 도금으로 만들었다. 이것은 거울 뒤에 받침을 두어 세울 수 있게 하였는데 나무로 만든 화장 거울도 모델을 따랐다. 밑받침이 있는 화장 거울은 18세기 초에 등장했고 갈수록 그 형태가 복잡하고 정교해졌다. 예컨대 받침에 작은 서랍을 만들어 넣기도 하고 어떤 것은 받침의 형태를 곡선으로 처

리하기도 했다. 거울의 각도를 조절할 수 있도록 기둥에는 나사가 있고, 서랍의 손잡이를 상아로 만들기도 했다. 화장용 거울은 크기가 작기 때문에 오히려 더 정교한 기술이 필요했다. 목재는 다른 가구와 마찬가지로 18세기 중후반에는 마호가니를, 빅토리아 시대에는 월넛이나 마호가니를 많이 썼다. 에드워디언 시대에는 신고전주의 스타일이 부활됨에 따라 섬세하고 선이 가늘며 상감 장식이 된 것들이 유행했다.

17세기 스타일 거울.
흑단 칠(흑단을 모방하여 나무를 조각한 뒤에 검게 칠한 것).
스페인. 121x102.5cm
현대 작품.

전신 거울은 루이 16세의 궁정에서 처음 등장했다. 말안장 모양의 받침 다리가 있는 이 전신 거울을 프랑스에서는 슈발 미루아르cheval mirror라고 부른다. 슈발은 말 또는 승마를 가리키는 프랑스어인데, 그 이름은 아마도 거울의 받침 다리가 말안장의 형태와 비슷해서 붙여진 듯하다. 아무튼 프랑스에서 처음 유행한 이 거울은 곧 영국으로도 퍼졌고, 특히 나폴레옹 시대에는 오물루로 장식한 매우 화려한 형태의 것들이 만들어졌다. 19세기에 들어서면 다른 가구와 마찬가지로 거울도 리바이벌 스타일의 대열에 합류하여 과거의 여러 스타일로 제작되었다.

바로크 스타일 거울.
이탈리아 제노아 또는 베니스 지역.
17세기. 235x133cm
푸티와 아칸서스 잎이 조각되고 금 도금 된 것은 같은 시대 콘솔과 같은 양식이다.

가구를 탐색하다 235

로코코 스타일의 무라노 대형 벽거울. 이탈리아 베니스.
18세기 중반. 210x122cm.

루이 15세 시대의 거울. 베를린 또는 베이루트 지역.
1740-50년 무렵. 107x69cm

윌리엄 앤드 메리 시대의 거울.
올리브나무 굴 껍질 무늬목과 마케트리 장식.
1690년 무렵. 121x96cm

조지 2세 시대의 거울. 금 도금.
존 보손John Boson의 작품으로 추정됨.
1740년 무렵. 166.5x87.5cm
아칸서스 잎, 백조목 형태의 박공, 마스크,
그리고 건축적인 몰딩이 대담하게 조각된
팔라디언 스타일이다.

조지 2세 시대의 마호가니 거울. 부분 도금.
1740년 무렵. 97x51cm
마치 종이를 오린 듯 섬세한 마호가니 프레임이다.

조지 3세 시대의 금 도금 거울.
1770년 무렵. 132x81.3cm
'호호새'와 나뭇가지, 바위가 함께
어우러진 로코코 스타일이다.

조지 3세 시대의 금 도금 거울.
1780년 무렵. 163x85cm
다이아나가 새겨진 타원형의
메달리온과 화병(언),
섬세한 잎사귀 문양은 전형적인
신고전주의 스타일을
보여준다.

리젠시 시대의 촛대 거울.
1815년 무렵. 160cm
머리 부분의 독수리 모티브, 거울 둘레의
구슬 장식은 리젠시 거울의 특징이다.

가구를 탐색하다 237

리젠시 시대의 피어 거울.
베르 에글로미제Verre Eglomisé
(거울 뒷면에 문양 그림).
1810년 무렵. 294x174cm

조지 1세 시대의 월넛 화장대용 거울.
1725년 무렵. 55x38cm

엠파이어 시대의 전신 거울.
마호가니 프레임, 말안장 모양의 받침 다리.
1825년 무렵. 193x97cm

기타

앤틱 가구 가운데는 독특한 형태와 기능을 가진 것들이 많다. 기발한 아이디어가 돋보이는 것, 작지만 쓸모가 있는 것들은 같은 시대의 일반 가구들보다 오히려 가격이 높은 경우가 많다. 또한 당시의 생활상이 작은 소품 하나에도 잘 드러난다.

'티 캐디tea caddy'는 차를 보관하는 뚜껑 달린 함인데 당시에는 열쇠로 잠가 두었다. 17세기, 18세기에 차는 매우 비싼 음료였기 때문에 하인들이 손을 대지 못하도록 관리했던 것이다. '캐디'라는 용어는 말레이어 '카티kati'에서 유래했는데 차의 무게를 다는 단위이다. 차는 주로 도자기나 은 캐디에 보관했으며, 위와 같이 나무를 깎아 과일 모양으로 만든 캐디는 드물기 때문에 수집 가치가 높다.

과수목 멜론 형태의 티 캐디. 19세기.

'폴 스크린pole screen'은 벽난로 앞의 뜨거운 열을 가리기 위한 얼굴 가리개인데 가느다란 기둥에 달린 방패 형태의 스크린은 위 아래로 높이 조절이 가능하다. 옛날 여자 화장품에는 납 성분이 많이 들어 있었는데, 납이 열에 매우 약하기 때문에 뜨거운 벽난로의 열기로 인해 화장이 녹아 내리는 것을 피하기 위하여 여자들을 위한 이러한 가리개가 고안되었다. 오늘날에는 그 용도가 없어져 그저 장식적인 소품이 되었다.

조지 3세 시대의 마호가니 폴 스크린. 높이 15652cm, 직경 52cm

아래 그림의 의자는 서재용 의자인데 높은 서가에서 책을 꺼낼 때 쓰는 사다리로도 변형된다. 모건 앤드 샌더스Margan

리젠시 마호가니 변신 의자. 1815년 무렵. 모건 앤드 샌더스의 것과 유사함.

and sanders 회사는 이와 같이 변형되는 독특한 의자를 여럿 개발하여 특허를 받았다. 그런 연유로 이 같은 의자는 '특허 변신 서재용 의자'로 알려져 있다.

건물의 현관 앞에 놓아 두는 '포터스 체어porter's chair'는 급사가 사용하는 의자이다. 실외용이라서 비바람 따위를 웬만큼 피할 수 있게 높고 둥근 지붕이 달린 것이 특징이다. 오늘날의 밸릿 파킹 박스valet parking box를 떠올리게 한다.

조지 3세 시대의 포터스 체어. 빨간 가죽 지붕. 18세기 후반.

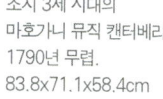

뮤직 켄터베리music canterbury는 본디 악보를 보관하는 작은 수납 가구로서 18세기 후반에 고안되었다. 더러 서랍이 있는 것도 있다. 음악을 연주하고 즐기는 데에 필요했을 이것은 귀족들의 여가 생활을 엿볼 수 있는 아이템이다. 요즘에는 주로 잡지 꽂이로 사용된다.

조지 3세 시대의 마호가니 뮤직 캔터베리. 1790년 무렵. 83.8x71.1x58.4cm

'폴리오 스탠드folio stand'는 그림이나 프린트 등 미술 작품을 올려 놓고 넘겨 보는데 사용되었다. 빅토리아 시대의 거실 한 쪽에 뮤직 스탠드와 함께 놓인 것을 종종 볼 수 있다. 아마도 빅토리아 시대의 부르주아들은 폴리오 스탠드나 뮤직 스탠드 따위를 갖춤으로써 자신의 예술적 취향을 드러내 보이려고 했을 것이다.

빅토리아 시대의 로즈우드 폴리오 스탠드. 1840년 무렵. 107x74cm

가구를 탐색하다

덤 웨이터dumb waiter는 회전하는 식품 진열대로서, 가운데 기둥을 중심으로 돌아가는 쟁반이 두세 층으로 있는 형태의 가구이다. 보통 삼발이 형태의 받침이 있고, 다리 끝에 더러 바퀴를 단 것도 있다. 이것은 주로 식탁 근처에 놓아 사람들이 각자 스스로 음식을 덜 수 있도록 고안한 가구이다. 1720년 무렵 영국에서 처음 제작되었다.

조지 3세 시대의 마호가니 3단 덤 웨이터.
1780년 무렵.
높이 113cm, 직경 60cm

식당이나 식탁 주변에서 쓰는 앤틱 소품들로는 그 밖에도 포도주를 일정한 온도로 보관하는 저장고인 셀러렛cellaret, 식사시 얼음을 채워 와인의 온도를 맞추는 와인 쿨러wine cooler 그리고 더러워진 접시를 부엌으로 옮기는 데 쓰는 접시 양동이plate bucket 들이 있다. 이런 작은 소품들도 모두 예외 없이 그 시대의 스타일을 따르며 다양하게 변모해 왔다.

조지 4세 시대의
마호가니 셀러렛.
1820년 무렵. 63x71cm.
리젠시 시대의 셀러렛은
그 시대 코모드처럼
고대의 석관 형태를 따랐다.

242 앤틱 가구 이야기

조지 3세 시대의
마호가니 와인 쿨러.
1780년 무렵. 57x66cm

조지 3세 시대의 접시 양동이.
마호가니. 놋쇠 띠.
18세기 후반.
높이 37.5cm, 직경 38cm
접시를 쉽게 꺼낼 수 있도록
홈이 패여 있다.

엠파이어 스타일의 마호가니
화분 받침. 오물루 장식.
높이 96.5cm, 직경 80cm.
프랑스에서는 '자르디니에르
jardinier' 라고 부르며, 보통
주석으로 만든 속받침이 있다.

'왓낫whatnot'은 세 개 또는 그 이상의 선반으로 이루어진 장식대인데, 18세기 말쯤 처음 등장하여 빅토리아 시대에 크게 유행했다. 작은 소품이나 책을 얹는 데에 사용했으며 그 이름 '왓낫'은 "무엇인들 만들지 못할까"라는 의미를 지녔다. 옛사람들의 기발한 아이디어와 다양한 제품의 종류를 단적으로 보여준다.

조지 3세 시대의 '왓낫' 장식대.
마호가니.
1800년 무렵. 높이1.7m

앤틱 가구 관리법

　앤틱 가구는 감상용 작품이 아니라 실생활에서 오랫동안 사용해 왔고 또 사용해 나갈 생활 용품이다. 그러므로 망가질까 봐 두려워서 쓰는 데에 지나치게 부담스러워할 필요는 없다. 행여 식탁 상판이 긁힐세라 사자마자 유리부터 깔고 쓴다면 아무리 좋은 나무로 만든 것이라 해도 그 나무의 질감을 전혀 느낄 수 없다. 쓰면서 생기는 자연스러운 상처와 손때는 앤틱을 앤틱이게 하는 가장 중요한 요소이므로 그러한 과정에 우리가 자연스럽게 동참하는 것이 앤틱을 올바르게 쓰고 즐기는 자세이다.

앤틱 가구의 가장 큰 적은 직사 광선이라고 할 수 있다. 직사 광선이 비치는 곳에 가구를 두면 색이 바래고 쉽게 건조해져서 무늬목이 트고 갈라지며 심지어는 원목도 심하게 뒤틀린다. 앤틱의 색이 직사 광선에 의해 바래면 복원하기가 매우 어렵고 가치가 떨어지므로 유의해야 한다. 직사 광선을 피하는 것이 가장 좋지만 어쩔 수 없다면 커튼으로 가리거나 가구 위에 덮개를 씌워 최대한 빛을 막아야 한다. 직사 광선뿐만 아니라 지나치게 높은 실내 온도도 가구에는 치명적일 수 있다. 18세기의 가구 제작자들은 나무가 환경에 따라 자연스럽게 수축, 팽창하는 점을 고려하여 구조 자체에 움직일 수 있는 여지를 두었다. 그러나 현대의 주거 환경은 그들의 예상을 훨씬 뛰어넘어 온도가 매우 높다. 아파트의 중앙 난방과 이중창으로 인해 우리 나라에서는 한겨울에도 반팔 소매를 입을 만큼 더운 환경에서 생활한다. 이것은 가구로서는 견디기 어려울 만큼 덥고 건조한 환경이다. 겨울철에는 조금 코끝이 싸한 느낌의 온도가 사람의 건강에도 좋을뿐더러 에너지도 절약할 수 있고 또 앤틱을 보관하기에도 권장할 만하다. 온도뿐만 아니라 습도 조절도 중요하다. 가구 전문 매장에서 판매하는 습도 조절기를 쓰면 좋지만 그렇지 않다면 겨울철에는 가습기를 켜 두거나 가구 위에 물컵을 올려 놓는 것도 한 방편이다.

가구는 먼지를 떨어내는 것만으로도 충분히 좋은 상태를 유지할 수 있다. 먼지를 떨어낼 때에는 광목과 같은 부드러운 천을 사용한다. 왁스는 너무 자주 바르면 가구 표면이 끈적거리게 되고 또 자칫 잘못하면 왁스와 먼지가 같이 엉키게 되므로 일 년에 한 번 정도면 충분하다. 이 때 앤틱 가구용 왁스는 실리콘 성분이 들어 있지 않은 벌 왁스(bee's wax)가 좋다. 화학 성분이 있는 일반 가구 왁스나 스프레이는 가구 표면을 일시적으로 반질거리게 하지만, 표면에 실리콘 막을 생성해 나무가 제대로 숨을 쉬지 못하게 만들기 때문에 속을 건조하게 만든다.

무늬목 가구가 트나 갈라졌을 때에는 곧바로 수리를 하는 것이 좋다. 건조한 우리 나라의 주거 환경에서는 이러한 현상이 자주 일어나므로 무늬목 가구는 각별히 신경 써야 한다. 일단 무늬목이 트거나 떨어져 나가게 되면 먼지를 떨 때에도 그 부분이 자꾸 걸려서 상태가 더 나빠질 수 있으므로 곧바로 붙이는 것이 좋다. 무늬목이 떨어진 곳의 바탕에 옛날 아교가 말라붙어 있다면 헝겊에 미지근한 물을 적셔 아교를 닦아 내어 표면을 매끄럽게 만든다. 떨어진 조각은 나무용 아교를 사용하여 붙여야 하며 순간 접착제와 같은 화학 본드는 사용하지 않는다.

가구에서 간혹 나무 벌레 자국이 발견되는데 주로 부드러운 목재에 많다. 가장 흔한 것은 나무좀과 비슷한데 이 벌레가 낸 구멍의 크기는 이 밀리미터쯤으로 둥글며 주변에 가루를 남긴다. 퇴치하기가 상당히 어려운데 훈증 소독이나 가스나 액상의 화학 살충제를 사용하기도 하며 습도 조절이 된 공간에서 서서히 열을 가해 치료하기도 한다. 가정에서는 나무 벌레를 예방하는 것이 무엇보다도 중요한데 라벤더나 삼나무 기름이 효과적이다. 시중에서 쉽게 구할 수 있는 라벤더 봉투를 가구에 넣어두는 것도 손쉽고 안전한 방법이다.

열이나 직사 광선 외에 가구가 물리적 충격을 가장 많이 받는 것은 다름 아닌 옮길 때다. 부주의하게 다루어서 부러지거나 깨지는 경우가 많다. 맨손보다는 부드러운 면장갑을 끼고 다루는 것이 좋지만 장갑을 낄 때에는 또 미끄러뜨리지 않도록 유의해야 한다. 무거운 가구를 옮길 때에는 두 사람이 같은 정도의 힘으로, 끌지 말고, 반드시 들어서 손수레에 올린 뒤에 옮긴다. 손잡이가 달려 있다고 해서 이것을 잡고 들어 올리면 손잡이가 떨어질 위험은 물론 주변이 파손될 위험이 있으므로 반드시 아랫 부분을 받쳐 드는 것이 바람직하다. 예컨대 의자의 경우에는 등받이로 들면 윗부분의 구조가 빠지기 쉬우므로 시트의 아래를 들어야 한다. 테이블이나 서랍장도 마찬가지로 상판을 들어서는 안 되고 그 구조를 지탱하고 있는 부분을 들어야 한다.

유럽에서는 앤틱을 될 수 있는 한 있는 그대로 보존하려고 하지만 우리 나라와 일본에서는 앤틱이라 할지라도 깨끗하게 수리된 것을 선호하는 경향이 있다. 그렇기 때문에 상업적인 측면에서는 '보수, 복원(restoration)' 작업이 불가피한데, 홈집을 가리기 위해 전체적으로 스프레이로 염료를 뿌려 앤틱 고유의 색을 망가뜨리는 일도 많다. 앤틱 보수는 반드시 전문가의 의견에 따라서 왁스 작업만 할 것인지, 칠을 다시 해도 좋은지, 천 갈이는 어떤 스타일로 해야 할지 결정한다. 패브릭을 고를 때에도 가구의 스타일에 맞는 문양과 색을 선택하는 것이 좋다.